Michael Jahn • Günther Wagner
unter Mitarbeit von Werner Totzauer

Aufsteigen ... in MATHEMATIK 2

So schaffst du die 2. Klasse HS/AHS

G&D

Symbolerklärung

1 Übungsaufgabe:
Die meisten Übungen kannst du im Buch erledigen, für einige Aufgaben ist es aber ratsam, wenn du dir ein Übungsheft anlegst.

In einem solchen Kästchen findest du **Musterbeispiele** zum jeweiligen Thema.

Wichtiger Merksatz! Guter Tipp! Merke dir das gut!

Dem Buch ist ein Lösungsheft zur Selbstkontrolle beigelegt.

Die Aufnahme in den Anhang zur Schulbuchliste für die 1. – 3. Klasse HS und AHS im Unterrichtsgegenstand Mathematik wurde vom Bundesministerium für Bildung, Wissenschaft und Kultur mit GZ 48.251/11-V/1/03 vom 15. März 2004 empfohlen.

www.lernfit.at

ISBN 978-3-7074-0766-2
Schulbuchnummer 120563

1. Auflage 2005, Nachdruck 2008 (1,03)

Illustrationen: Elena Obermüller
Technische Zeichnungen: Ing. Mag. Dr. Herbert Löffler
Satz: Rainer Schmid, 1090 Wien
Printed in Europe

Vorwort

Liebe Schülerin! Lieber Schüler!

Du hältst ein Übungsbuch in der Hand, das dir helfen soll, auf einfache Art und Weise in Mathematik aufzusteigen.
Wahrscheinlich bist du in Mathematik nicht so gut und musst daher zusätzlich zu deinen Schulaufgaben noch etwas tun. Vielleicht hat dir deine Lehrerin/dein Lehrer empfohlen, mehr zu üben. Vielleicht fürchtest du sogar, heuer durchzufallen.
Mit „Aufsteigen in Mathematik" ist das Lernen ganz leicht! Der wichtigste Stoff der 2. Klasse HS und AHS ist hier zusammengefasst.

Einfache Merksätze, leicht verständliche Kurzinformationen und zahlreiche Übungen in unterschiedlichen Schwierigkeitsgraden helfen dir dabei, den Lernstoff zu wiederholen und deine Noten zu verbessern.

Wir wünschen dir viel Erfolg beim Aufsteigen in Mathematik!

Liebe Eltern!

Sie halten ein Übungsbuch in der Hand, das die Mathematikkenntnisse Ihres Kindes mit einfachen Übungen und leicht verständlichen Merksätzen verbessern kann.
Das Buch „Aufsteigen in Mathematik" ist auf die Lernziele, die Ihr Kind im 6. Schuljahr (2. Klasse HS und AHS) erreichen soll, abgestimmt.
Das Buch ist so aufgebaut, dass ein Selbststudium durch den Lernenden möglich ist.
Hilfe und Interesse seitens einer Lernbetreuung sind aber immer gut!

Zum Umgang mit diesem Buch:
Die einzelnen Kapitel werden mit einem kurzen Theorieteil eingeleitet. In einfachen Erklärungen und mit leicht verständlichen Musterbeispielen werden die Voraussetzungen für die folgenden Übungen gelegt. Das beigelegte Lösungsheft ermöglicht eine sichere Kontrolle.

Viel Erfolg für Ihr Kind wünschen Ihnen

Michael Jahn und Günther Wagner

Inhalt

Arithmetik

Rechnen mit natürlichen Zahlen und Dezimalzahlen 6
Die vier Grundrechnungsarten 6
Rechenregeln 8
Verbindung der vier Grundrechnungsarten 12

Gleichungen 15

Teiler – Vielfache 19
Teiler, besondere Teiler und Primzahlen 19
Teilbarkeitsregeln 20
Größter gemeinsamer Teiler (ggT) 21
Kleinstes gemeinsames Vielfaches (kgV) 23

Bruchrechnen 25
Bruchharten 25
Bruchzahlen in Bruch- und Dezimalschreibweise........ 27
Erweitern und Kürzen 29
Addition und Subtraktion von Brüchen 31
Multiplizieren mit Brüchen 34
Dividieren mit Brüchen 37

Schlussrechnungen 40
Schlussrechnungen im direkten Verhältnis 40
Schlussrechnungen im indirekten Verhältnis 43

Prozentrechnungen 46

Geometrie

Rechteck und Quadrat 52

Das rechtwinklige Koordinatensystem 55

Symmetrie 57

Winkel 59
Winkelarten – Winkelmessen 59
Winkelmaße 61
Streckensymmetrale – Winkelsymmetrale 63

Dreiecke 65
Bezeichnung, Einteilung und Konstruktion von Dreiecken 65
Übersicht und Konstruktion besonderer Dreiecke 69
Die merkwürdigen Punkte des Dreiecks 71
Flächeninhalt von rechtwinkligen Dreiecken 74

Vierecke – Vielecke 77
Parallelogramm und Raute 77
Trapez 79
Deltoid, allgemeines Viereck und regelmäßiges Sechseck 81

Quader und Würfel 83
Eigenschaften und Schrägriss von Quader und Würfel . . 83
Netz und Oberfläche von Quader und Würfel 85
Raummaße – Umwandlungen 88
Volumen und Massenberechnung von Quader und Würfel 90

Prismen 94

Arithmetik

Rechnen mit natürlichen Zahlen und Dezimalzahlen

Die vier Grundrechnungsarten

Addition und Subtraktion

Bei der **Addition und Subtraktion** von Dezimalzahlen musst du besonders auf das **stellenwertrichtige Untereinanderschreiben** achten!

Beispiel:

```
 5,6
32,24
-----
37,84
```

Achte darauf, dass jeweils die Kommas genau untereinander stehen! Alle anderen Stellen richten sich nach dem Komma!

Multiplikation

Bei der **Multiplikation** musst du auf die **Gesamtanzahl der Dezimalstellen** achten!

Beispiel:

```
27,3 · 5,82   (1 + 2) Dezimalstellen
-----------
1365
  2184
     546
-------
158,886       3 Dezimalstellen
```

Du multiplizierst so, als ob es kein Komma gäbe und zählst dann die Dezimalstellen der beiden Faktoren zusammen. Im Ergebnis müssen dann genauso viele Dezimalstellen vorhanden sein!

Division

Bei der **Division** musst du auf den Stellenwert achten! Um dir die Rechnung einfacher zu machen, verschiebe das Komma bei Divisor und Dividend um gleich viele Stellen so, dass der Divisor eine natürliche Zahl wird.

Beispiel:

1718,59 : 74,2 = Verschieben des Kommas um eine Stelle, im Divisor fällt das Komma weg.

```
17185,9 : 742 = 23,16
 2345
   1199
     4570
      118 Rest
```

742 ist in 1 718 enthalten, zeichne das mit Hilfe des „Hakens ⌴“ an. Bist du beim Komma des Dividenden angelangt, dann musst du es auch im Quotienten setzen.

Der tatsächliche Rest ist 0,118, da das Komma um eine Stelle wieder „zurückverschoben“ werden muss.

Die vier Grundrechnungsarten

1

a)	b)	c)	d)	e)
5,33	78,34	52 456,89	34 465,13	36 784,3
3,4	123,89	3 234,98	76 554,87	56 878,34
6,78	34,9	987,4	67,43	56,123
15,51	236,13	56679,27	111087,43	93718,763

2

a)	b)	c)	d)	e)
45,8	342,89	5 423,98	234,987	55 657,45
– 32,67	– 45,3	– 489,67	– 67,8758	– 3 239,54
13,13	297,59	4934,31	167,1112	52417,91

3 **Schreib die Zahlen vor dem Rechnen stellenwertrichtig untereinander!**

a) 67,45 + 234,09 = 301,51

b) 2 345,987 + 345,98 + 456,87 = 3148,837

c) 123,987 + 564,78 + 78,6742 = 767,4412

d) 432,8753 + 67,9 + 8,653 + 34,98 + 67,23 = 611,6383

4 **Rechne in der Zeile!**

a) 5,6 + 3,7 + 5,2 = 14,5

b) 67,89 + 34,2 + 45,3 = 147,39

c) 23,89 + 56,9 + 30,23 = 111,02

d) 568,34 + 345,98 + 23,987 = 938,307

e) 678,987 – 56,78 = 622,207

f) 2 456,98 – 562,456 = 1894,536

5 **Berechne das Produkt!**

a) 89,4 · 6,7 = 598,98

b) 67,8 · 45,5 = 3084,90

c) 56,35 · 1,23 = 69,3105

d) 34,6 · 6,01 = 207,946

e) 7,8 · 23,3 = 181,74

6 **Berechne und mach die Probe!**

a) 5 645,28 : 123,8 =

b) 1 455,12 : 25,8 =

c) 4 726,495 : 89,5 =

d) 5 165,3 : 65,8 =

7 **Rechne auf zwei Dezimalstellen und mach die Probe!**

a) 2 582,55 : 56,5 =

b) 3 571,8 : 78,5 =

c) 192,525 : 123,4 =

d) 16 641,99 : 45,5 =

Rechenregeln

Addition

Beim **Addieren** musst du auf die **Reihenfolge der Summanden** nicht achten. Du kannst sie **vertauschen**. In der Mathematik wird dieses Gesetz als **Vertauschungsgesetz** (Kommutativgesetz) **der Addition** bezeichnet: **a + b = b + a**

Dieses Gesetz kannst du auch für eine **Probe bei der Addition** verwenden.

Beispiel: Berechne die Summe!

```
 45,78   ↓
256,71
 89,25
------
391,74
```

Zur Probe rechne nochmals in die andere Richtung!

```
 45,78   ↑
256,71
 89,25
------
391,74
```

Du kannst auch **beliebige Teilsummen** bilden, das ergibt oft Rechenvorteile. In der Mathematik wird dieses Gesetz als **Verbindungsgesetz** (Assoziativgesetz) **der Addition** bezeichnet:
a + b + c = (a + b) + c = a + (b + c)

Beispiel:

35 + 17 + 5 =	Durch das Vertauschen wird die Rechnung einfacher.
= (35 + 5) + 17 =	Die Reihenfolge der Rechnung wird durch Klammern angedeutet.
= 40 + 17 = 57	Rechnungen in Klammern werden zuerst ausgeführt (Klammerregel)!

Subtraktion

Beim **Subtrahieren** darf man **Minuend und Subtrahend nicht vertauschen!** Du kannst aber die Subtrahenden untereinander vertauschen oder zusammenfassen.

Beispiel:

25 – 12 – 5 =	oder:	25 – 12 – 5 =
= 13 – 5 =		= 25 – 5 – 12 =
= 8		= 20 – 12 = 8

Beispiel:

73 – 12 – 8 – 3 =	Statt die Subtrahenden einzeln abzuziehen, kannst du auch
= 73 – (12 + 8 + 3) =	die Summe der Subtrahenden abziehen. Setze Klammern!
= 73 – 23 = 50	

Addieren und Subtrahieren sind **entgegengesetzte** Rechnungsarten. Du kannst diese Tatsache für eine **Probe zur Subtraktion** verwenden:

```
    Minuend                 Probe:     Differenz
 – Subtrahend                       + Subtrahend
 ------------                       ------------
    Differenz                          Minuend
```

Multiplikation

Beim **Multiplizieren** kommt es auf die **Reihenfolge der Faktoren** nicht an. Du kannst sie **vertauschen.** In der Mathematik wird dieses Gesetz als **Vertauschungsgesetz** (Kommutativgesetz) **der Multiplikation** bezeichnet: $\mathbf{a \cdot b = b \cdot a}$

Du kannst auch **beliebige Teilprodukte** bilden, das ergibt oft Rechenvorteile. In der Mathematik wird dieses Gesetz als **Verbindungsgesetz** (Assoziativgesetz) **der Multiplikation** bezeichnet: $\mathbf{a \cdot b \cdot c = (a \cdot b) \cdot c = a \cdot (b \cdot c)}$

Beispiel:

$35 \cdot 5 \cdot 2 =$	Bilde zuerst das Teilprodukt der beiden hinteren Faktoren, die Rechnung wird
$= 35 \cdot (5 \cdot 2) =$	einfacher. Die Reihenfolge der Rechnung wird durch Klammern angedeutet.
$= 35 \cdot 10 = 350$	

Wenn man eine **Zahl mit 1 multipliziert,** ändert sich die Zahl nicht. Es gilt: $\mathbf{a \cdot 1 = a}$
Wenn man eine **Zahl mit 0 multipliziert,** ist das Ergebnis immer 0. Es gilt: $\mathbf{a \cdot 0 = 0}$

Wenn man eine **Dezimalzahl mit 10, 100, 1 000 … multipliziert,** wird das **Komma** um 1, 2, 3 … Stellen **nach rechts** verschoben.

Wenn man eine **Zahl mit 0,1, 0,01, 0,001 … multipliziert,** wird das **Komma** um 1, 2, 3 … Stellen **nach links** verschoben.

Beispiel: $2{,}4 \cdot 10 = 24$
$2{,}4 \cdot 100 = 240$
$2{,}4 \cdot 1\,000 = 2\,400$

Beispiel: $36 \cdot 0{,}1 = 3{,}6$
$36 \cdot 0{,}01 = 0{,}36$
$36 \cdot 0{,}001 = 0{,}03$

Division

Beim **Dividieren** darf man **Dividend und Divisor nicht vertauschen**!

Wenn man eine **Zahl durch 1 dividiert,** ändert sich die Zahl nicht. Es gilt: $\mathbf{a : 1 = a}$

Wenn man eine **Dezimalzahl durch 10, 100, 1 000 … dividiert,** wird das **Komma** um 1, 2, 3 … Stellen **nach links** verschoben.

Wenn man eine **Zahl durch 0,1, 0,01, 0,001 … dividiert,** wird das **Komma** um 1, 2, 3 … Stellen **nach rechts** verschoben.

Beispiel: $2{,}4 : 10 = 0{,}24$
$2{,}4 : 100 = 0{,}024$
$2{,}4 : 1\,000 = 0{,}002\,4$

Beispiel: $36 : 0{,}1 = 360$
$36 : 0{,}01 = 3\,600$
$36 : 0{,}001 = 36\,000$

Multiplizieren und **Dividieren** sind **entgegengesetzte** Rechnungsarten. Du kannst diese Tatsache für eine **Probe zur Division** verwenden:

Dividend : Divisor = Quotient

Probe: Quotient · Divisor = Dividend

Rechenregeln – Addition und Subtraktion

1

a) 45 + 38 + 55 = 138

b) 123 + 31 + 19 = 173

c) 98,5 + 12,7 + 1,5 = 112,7

d) 45,8 + 51,5 + 48,5 =

2

a) 1 358 – 247 – 118 – 601 =

b) 45 288 – 23 817 – 4 218 – 1 963 =

c) 123,3 – 11,06 – 2,51 – 6,3 =

d) 42,78 – 12,45 – 13,4 – 16,04 =

3

a) 478 – 258 + 123 – 176 =

b) 14 244 + 21 815 – 4 199 – 20 263 =

c) 36,63 – 16,01 + 23,31 – 26,55 =

d) 137,88 – 58,91 + 21,55 – 100,5 =

Rechenregeln – Multiplikation und Division

1

a) 13 · 4 · 25 =

b) 89 · 5 · 2 =

c) 5 · 82 · 2 =

d) 7 · 125 · 8 =

2

a) 36,8 · 10 = 360,8

36,8 · 100 =

36,8 · 1 000 =

b) 0,8 · 10 =

0,8 · 100 =

0,8 · 1 000 =

c) 27,5 · 0,1 =

27,5 · 0,01 =

27,5 · 0,001 =

d) 150 · 0,1 =

150 · 0,01 =

150 · 0,001 =

3

a) 63,8 : 10 =

63,8 : 100 =

63,8 : 1 000 =

b) 0,5 : 10 =

0,5 : 100 =

0,5 : 1 000 =

c) 72,5 : 0,1 =

72,5 : 0,01 =

72,5 : 0,001 =

d) 15 : 0,1 =

15 : 0,01 =

15 : 0,001 =

4

Dividiere und mach die Probe!

a) 108,288 : 45,12 =

b) 140,033 : 23,3 =

Verbindung der vier Grundrechnungsarten

Kommen in einer Rechnung mehrere Rechnungsarten vor, gilt die Vorrangregel:
Punkt- vor Strichrechnung.

Beispiel: $36 + 4 \cdot 2 =$
$= 36 + 8 =$
$= 44$

Die Multiplikation (Punktrechnung) ist vor der Strichrechnung (Addition) auszuführen.

Wenn du von der Vorrangregel abweichen und zum Beispiel zuerst die Addition und erst dann die Multiplikation ausführen möchtest, dann musst du Klammern setzen.

Die Klammerregel kennst du schon: Kommen in einer Rechnung **Klammern** vor, werden diese **zuerst berechnet. Innerhalb der Klammern** gilt wieder **Punkt- vor Strichrechnung.**

Beispiel:

$(36{,}5 + 3{,}5) \cdot 2 =$
$= 40 \cdot 2 =$
$= 80$

Die Rechnung in der Klammer muss zuerst ausgeführt werden (Klammerregel)!

$78 - 6 \cdot (3 + 5) =$
$= 78 - 6 \cdot 8 =$
$= 78 - 48 =$
$= 30$

Klammerregel
„Punkt- vor Strichrechnung"

$12{,}3 + (45 - 5 \cdot 2) + 9 \cdot 0{,}4 =$
$= 12{,}3 + (45 - 10) + 9 \cdot 0{,}4 =$
$= 12{,}3 + 35 + 9 \cdot 0{,}4 =$
$= 12{,}3 + 35 + 3{,}6 =$
$= 50{,}9$

Klammerregel
Innerhalb der Klammer: „Punkt- vor Strichrechnung"
„Punkt- vor Strichrechnung"

$25{,}8 - 50 : 10 =$
$= 25{,}8 - 5 =$
$= 20{,}8$

„Punkt- vor Strichrechnung"

Verteilungsgesetz der Multiplikation

$$(a + b) \cdot c = a \cdot c + b \cdot c$$

$$(a - b) \cdot c = a \cdot c - b \cdot c$$

Verteilungsgesetz der Division

$$(a + b) : c = a : c + b : c$$

$$(a - b) : c = a : c - b : c$$

Statt Verteilungsgesetz sagt man in der Mathematik auch Distributivgesetz!

Beispiel: Überprüfe das 1. Verteilungsgesetz der Multiplikation mit den Zahlen $a = 23$, $b = 67$, $c = 5$.

$(a + b) \cdot c = a \cdot c + b \cdot c$

$(23 + 67) \cdot 5 =$
$= 90 \cdot 5 = 450$

$23 \cdot 5 + 67 \cdot 5 =$
$= 115 + 335 = 450$

Verbindung der vier Grundrechnungsarten

1

a) $3 + 2{,}5 \cdot 2 =$ b) $5{,}2 + 6 : 3 =$ c) $4{,}7 - 2 \cdot 1{,}5 =$ d) $10 : 5 + 1{,}5 \cdot 3 =$

e) $5{,}5 \cdot 2 + 1{,}4 \cdot 2 =$ f) $1{,}2 : 3 + 0{,}5 \cdot 2 =$ g) $3{,}8 : 2 - 0{,}2 \cdot 3 =$ h) $0{,}8 \cdot 7 + 1{,}5 : 3 =$

2

a) $4 \cdot (2{,}5 + 1{,}1) =$ b) $(3{,}2 - 2) \cdot 2 =$ c) $2{,}5 \cdot (6{,}2 - 2{,}2) =$ d) $10 : (4{,}9 - 2{,}4) =$

e) $(8{,}3 - 5{,}2) \cdot (1{,}5 + 1{,}5) =$ f) $(8{,}2 + 1{,}8) : (7{,}5 - 2{,}5) =$ g) $2 \cdot 0{,}8 + (0{,}2 + 1{,}5) \cdot 2 =$

3

a) $1{,}8 + 1{,}2 \cdot 3 - 0{,}5 =$ b) $(1{,}8 + 1{,}2) \cdot 3 - 0{,}5 =$ c) $(1{,}8 + 1{,}2) \cdot (3 - 0{,}5) =$

d) $6{,}5 - 1{,}5 : 5 + 5 =$ e) $(6{,}5 - 1{,}5) : 5 + 5 =$ f) $6{,}5 - 1{,}5 : (5 + 5) =$

Textaufgaben

1 Eine Schulklasse mit 29 Kindern fährt auf Schullandwoche. Für die Hin- und Rückfahrt mit dem Bus werden 371,20 € bezahlt. Wie hoch sind die Fahrtkosten für ein Kind?

---

2 Beim Besuch eines Museums erhalten von 29 Kindern zwei Kinder freien Eintritt.
Für die restlichen Kinder werden 48,60 € Eintritt bezahlt.

a) Wie teuer ist eine Eintrittskarte?

b) Wie viel Euro muss jedes der Kinder bezahlen? (Runde auf Zehntel!)

---

3 Berechne jeweils den Preis für 1 kg bzw. 1 Stück!

a) Für 1,60 kg Käse sind 20 € zu bezahlen.

b) Ein Dutzend Bleistifte kostet 4 €.

c) 0,45 t Kohlen werden um 160 € ausgeliefert.

---

4 In einem Park wird ein Weg von insgesamt 32 m Länge mit 40 cm × 40 cm großen Betonplatten ausgelegt. Wie viele Platten werden benötigt, wenn je zwei Platten nebeneinander liegen?

---

5 Sportler sind durstig. Bei einem Sportfest wurden 225 Flaschen zu je 1,40 €, 108 Flaschen zu je 1,60 € und 42 Flaschen zu je 1,95 € verkauft. Wie hoch waren die Gesamteinnahmen?

---

6 Eine Klasse mit 29 Kindern unternimmt einen Ausflug. Der Autobus kostet 139,20 €.
Für das gemeinsame Mittagessen in einem Gasthaus sind 140,65 € zu bezahlen.
Wie viel Euro kostet der Ausflug für ein Kind?

---

7 Frau Fink bekommt für 38 Arbeitsstunden und 6 Überstunden 366,60 € bezahlt.
Davon entfallen auf die 6 Überstunden 70,20 €.

a) Wie hoch ist der normale Stundenlohn von Frau Fink?

b) Wie viel Euro bekommt sie für eine Überstunde bezahlt?

---

8 Familie Huber (zwei Erwachsene und drei Kinder) macht Urlaub.
Der Preis für die Halbpension beträgt für einen Erwachsenen 34 € pro Tag. Kindern wird eine Ermäßigung von 3 € pro Tag gewährt. Wie viel Euro bezahlt die Familie für einen 14-tägigen Urlaub?

---

9 Beim Fleischhauer kosten 1,15 kg Schweinefleisch 13,34 €. Im Supermarkt bezahlt man für 0,84 kg Schweinefleisch 9,91 €. Wo kauft man günstiger?

---

10 Ein Hotel kauft 70 Leintücher zu je 16,50 €, 140 Bettzeuggarnituren zu je 74,20 € und 360 Handtücher zu je 8,90 €. Wie hoch ist die Gesamtrechnung?

Gleichungen

Du weißt schon aus der ersten Klasse, dass man eine Gleichung mit einer Waage vergleichen kann. Um eine Gleichung zu lösen, verwendet man das so genannte **Waageprinzip**, d. h., man muss immer **auf beiden Seiten dieselbe Rechnung** durchführen, damit die Waage im Gleichgewicht bleibt!

Beim Lösen von Gleichungen werden die Umkehroperationen verwendet:

Zur Addition **(+)** ist die Subtraktion **(–)** die entgegengesetzte Rechenart.
Zur Subtraktion **(–)** ist die Addition **(+)** die entgegengesetzte Rechenart.
Zur Multiplikation **(·)** ist die Division **(:)** die entgegengesetzte Rechenart.
Zur Division **(:)** ist die Multiplikation **(·)** die entgegengesetzte Rechenart.

Beispiel: Löse die Gleichung $x + 3 = 8$

Überlege dir zuerst, was dich hindert x anzugeben, damit ist gemeint:

$x + 3 = 8$

1. **Die Unbekannte (x)** muss **alleine** auf einer Seite stehen! In diesem Fall steht x nicht alleine, es stört **+ 3**!
2. Die Zahl, die bei x zusätzlich steht, muss daher weg.

$x + 3 = 8 \quad | -3$
$x + 3 - 3 = 8 - 3$

3. Du kannst diese Zahl wegbekommen, indem du die **entgegengesetzte** Rechenart anwendest.

$\underline{x = 5}$

4. Lösung.

Zusammenfassung:

$x \boxed{+3} = 8 \longrightarrow -3$
$x = 8 \boxed{-3}$
$\underline{x = 5}$

Durch die entgegengesetzte Rechenoperation fällt + 3 weg!

Probe: $5 + 3 = 8$
$8 = 8$ wahre Aussage (w. A.)

Beispiel: Löse die Gleichung $x - 7 = 2$

$x \boxed{-7} = 2 \longrightarrow +7$

Die Unbekannte x steht nicht alleine, es stört **– 7**.
Du bekommst – 7 weg, indem du die entgegengesetzte Rechenart anwendest.
Zu – ist + die entgegengesetzte Rechenart, d. h., du musst **+ 7** rechnen!

$x - 7 = 2 \quad | +7$
$x = 2 + 7$
$\underline{x = 9}$

Probe: $9 - 7 = 2$
$2 = 2$ wahre Aussage (w. A.)

Beispiel: Löse die Gleichung 8 + x = 10

$\boxed{8} + x = 10$ → -8

Löse mithilfe der entgegengesetzten Rechenoperation!

$8 + x = 10 \quad | -8$
$x = 10 - 8$
$\underline{x = 2}$

Probe: $8 + 2 = 10$
$10 = 10$ wahre Aussage (w. A.)

Beispiel: Löse die Gleichung 25 – x = 11

$25 \boxed{-x} = 11$ → $+x$

Achtung! Hier steht vor dem x ein **„–“**.
Da x für eine Zahl steht, kannst du genauso rechnen als ob es eine Zahl wäre. Das heißt, du musst wieder die entgegengesetzte Rechenart anwenden. **„– x“** bedeutet es wird die Zahl x abgezogen, also subtrahiert.
Du bekommst **– x** weg, in dem du **+ x** rechnest.

$25 - x = 11 \quad | +x$
$25 = 11 + x$
$25 = 11 + x \quad | -11$
$25 - 11 = x$
$14 = x$ oder
$\underline{x = 14}$

Probe: $25 - 14 = 11$
$11 = 11$ wahre Aussage (w. A.)

Beispiel: Löse die Gleichung 3 · x = 12

$3 \cdot x = 12 \quad | :3$
$x = 12 : 3$
$\underline{x = 4}$

Es stört **3 mal,** also **durch 3.**

Probe: $3 \cdot 4 = 12$
$12 = 12$ wahre Aussage (w. A.)

Beispiel: Löse die Gleichung 2 · x + 3 = 13

$2 \cdot x + 3 = 13 \quad | -3$

Die Unbekannte x (eigentlich 2 · x) steht nicht alleine. **+ 3** ist zu viel.
Du musst daher **– 3** rechnen, um auf der linken Seite nur x zu haben.

$2 \cdot x = 13 - 3$

Rechne die rechte Seite aus.

$2 \cdot x = 10$

Du kommst auf x indem du **durch 2** dividierst.

$2 \cdot x = 10 \quad | :2$
$x = 10 : 2$
$\underline{x = 5}$

Probe: $2 \cdot 5 + 3 = 13$
$10 + 3 = 13$
$13 = 13$ wahre Aussage (w. A.)

Beispiel: Löse die Gleichung $x : 2 = 70$

$x : 2 = 70 \quad \vert \cdot 2$	Es stört **durch 2,** also **mal 2.**
$x = 70 \cdot 2$	
$\underline{x = 140}$	Probe: $140 : 2 = 70$
	$70 = 70$ wahre Aussage (w. A.)

Beispiel: Löse die Gleichung $7 + 3 \cdot x = 34$

$7 + 3 \cdot x = 34 \quad \vert -7$	Die Unbekannte x, aber auch ein Vielfaches davon, muss alleine auf einer Seite stehen. 7 ist zu viel, du musst daher **– 7** rechnen.
$3 \cdot x = 34 - 7$	Das + vor 3 · x musst du nicht mehr schreiben, da keine Zahl mehr da ist, zu der du 3 · x dazu gibst.
$3 \cdot x = 27$	Um auf x zu kommen, musst du nur noch **durch 3** dividieren.
$3 \cdot x = 27 \quad \vert : 3$	
$x = 27 : 3$	
$\underline{x = 9}$	Probe: $7 + 3 \cdot 9 = 34$
	$7 + 27 = 34$
	$34 = 34$ wahre Aussage (w. A.)

Lösen einer Gleichung (Zusammenfassung):

1. Die Unbekannte **x,** aber auch ein Vielfaches davon, muss **alleine auf einer Seite** stehen, egal ob links oder rechts. Dabei darf aber vor dem x kein „–“ stehen!
   Wenn das der Fall ist, muss du – x (oder das Vielfache) auf die andere Seite geben.
2. Alle Zahlen, die noch bei x stehen, müssen auf die andere Seite.
   Das geschieht durch die **entgegengesetzte Rechenart**.
3. Wenn **x als Vielfaches oder als Teil** auftritt, musst du **zusätzlich dividieren bzw. multiplizieren,** um auf x zu kommen.

Gleichungen

Löse die Gleichungen und mach die Probe!

1

a) $x + 5 = 7$

b) $x + 2{,}3 = 4{,}5$

c) $x - 5 = 1$

d) $x - 3{,}4 = 6{,}1$

2

a) $2 + x = 12$

b) $45{,}8 + x = 94{,}5$

3

a) $x : 3 = 5$

b) $x : 1{,}5 = 3$

4

a) $2 \cdot x = 6$

b) $3 \cdot x = 18{,}3$

c) $4x = 24{,}8$

d) $5x = 1{,}05$

e) $\frac{x}{2} = 5$

f) $\frac{x}{3} = 1{,}2$

5

a) $2x + 5 = 13$

b) $4x - 15 = 25$

c) $6x - 2{,}8 = 4{,}4$

d) $3x + 11{,}2 = 28$

Teiler – Vielfache

Teiler, besondere Teiler und Primzahlen

Wenn du 20 Spielkarten auf 4 Personen aufteilen sollst, dann bekommt jeder Mitspieler 5 Karten. Es bleibt keine Spielkarte über. Du kannst die Anzahl der Karten, die jeder Spieler erhält, auch durch eine einfache Division berechnen:

20 : 4 = 5 0 Rest	Bei dieser Division ist der Rest 0.

In der Mathematik sagt man: 20 ist durch 4 teilbar, d. h., 4 ist in 20 restlos enthalten.
Man schreibt **4 | 20** und sagt 4 ist ein **Teiler** von 20. Ebenso gilt: 20 ist ein **Vielfaches** von 4.

Eine Zahl t heißt **Teiler** einer Zahl a, wenn bei der Division a : t kein Rest bleibt, wenn a durch t teilbar ist. Man schreibt: t ist Teiler, wenn **t | a.**

Ist die Zahl k **kein Teiler** von a, so schreibt man **k a.**

Beispiel: Bestimme alle Teiler von 6

6 : 1 = 6	**1** ist Teiler.
6 : 2 = 3	**2** ist Teiler.
6 : 3 = 2	**3** ist Teiler.
6 : 4 = 1 2 Rest	4 ist kein Teiler, da bei der Division ein Rest bleibt.
6 : 5 = 1 1 Rest	5 ist kein Teiler, da bei der Division ein Rest bleibt.
6 : 6 = 1	**6** ist Teiler.
T(6) = 1, 2, 3, 6	alle Teiler der Größe nach geordnet

Besondere Teiler

1 ist Teiler jeder Zahl a: **1 | a**
Jede Zahl a hat sich selbst als Teiler: **a | a**

1 und die **Zahl selbst** nennt man **unechte Teiler.**
Alle anderen Teiler heißen echte Teiler.

Primzahlen

Jede natürliche Zahl größer 1, die **nur die beiden unechten Teiler** hat, heißt Primzahl.
Beispiele für Primzahlen: 2, 3, 5, 7, 11, 13, 17, 19, 23, 29 …

Jede natürliche Zahl größer 1, die keine Primzahl ist, lässt sich als Produkt von Primzahlen darstellen. Man bezeichnet diese Zahlen auch als zusammengesetzte Zahlen.
Beispiel: 12 = 2 · 2 · 3

Teilbarkeitsregeln

Null ist **durch jede Zahl** ($\neq 0$) teilbar. **0 : a = 0**

Eine Zahl ist **durch 10** teilbar, wenn an der Einerstelle eine 0 steht (Zehnerzahlen).
V(10) = 10, 20, 30, 40, 50, 60 …

Eine Zahl ist **durch 100** teilbar, wenn an der Zehner- und an der Einerstelle eine 0 steht (Hunderterzahl).
V(100) = 100, 200, 300, 400, 500, 600 …

Eine Zahl ist **durch 2** teilbar, wenn an der Einerstelle 0, 2, 4, 6 oder 8 steht. (gerade Zahl)
V(2) = 2, 4, 6, 8, 10, 12, 14, 16 …

Eine Zahl ist **durch 5** teilbar, wenn an der Einerstelle 0 oder 5 steht.
V(5) = 5, 10, 15, 20, 25, 30, 35, 40, 45, 50 …

Teilbarkeit durch 4 bzw. 25

Eine Zahl ist durch **4 bzw. 25 teilbar,** wenn die aus Zehner- und Einerstelle gebildete Zahl durch 4 bzw. 25 teilbar ist.

Beispiel: Überprüfe, ob 312 und 776 durch 4 teilbar sind.

312 = 300 + 12 — 300 ist eine Hunderterzahl und daher durch 4 teilbar.
12 ist durch 4 teilbar
Es gilt daher: 4 | 312

776 = 700 + 76 — 700 ist eine Hunderterzahl und daher durch 4 teilbar.
76 ist durch 4 teilbar
Es gilt daher: 4 | 776

Teilbarkeit durch 3 bzw. 9

Eine Zahl ist **durch 3 bzw. 9** teilbar, wenn ihre Ziffernsumme durch 3 bzw. 9 teilbar ist.

Beispiel: Überprüfe, ob 36 und 771 durch 3 bzw. 9 teilbar sind.

Ziffernsumme von 36 = (3 + 6) = 9 $3 \mid 9$ und $9 \mid 9$
Es gilt: 3 ist ein Teiler von 36 und 9 ist ein Teiler von 36.

Ziffernsumme von 771 = (7 + 7 + 1) = 15 $3 \mid 15$ aber $9 \nmid 15$
Es gilt: 3 ist ein Teiler von 771 aber 9 ist kein Teiler von 771.

Teilbarkeit durch 6

Eine Zahl ist **durch 6** teilbar, wenn sie durch 2 und durch 3 teilbar ist.

Beispiel: Überprüfe, ob 168 durch 6 teilbar ist.

2 | 168 (gerade Zahl), 3 | 168 (Ziffernsumme 15 durch 3 teilbar) daher 6 | 168
Es gilt: 6 ist ein Teiler von 168.

Größter gemeinsamer Teiler (ggT)

Der größte gemeinsame Teiler von zwei oder mehreren Zahlen ist die größte Zahl, die in den angegebenen Zahlen enthalten ist.

Beispiel: Bestimme den größten gemeinsamen Teiler von 12 und 18!

T(12) = $\underline{1}$, $\underline{2}$, $\underline{3}$, 4, $\underline{6}$, 12
T(18) = $\underline{1}$, $\underline{2}$, $\underline{3}$, $\underline{6}$, 9, 18

1. Bestimme alle Teiler der angegeben Zahlen.
2. Unterstreiche die gemeinsamen Teiler.
3. Der größte gemeinsame Teiler ist 6.
   Man schreibt: ggT (12, 18) = 6

Kontrolle: 6 ist Teiler von 12: 6 | 12, es gilt 12 = 6 · 2 6 ist in 12 2-mal enthalten.
6 ist Teiler von 18: 6 | 18, es gilt 12 = 6 · 3 6 ist in 18 3-mal enthalten.

Zahlen, die **nur 1 als gemeinsamen Teiler** haben, heißen **teilerfremd** oder **relativ prim.**

Beispiel: Bestimme den größten gemeinsamen Teiler von 24 und 35!

T(24) = 1, 2, 3, 4, 6, 8, 12, 24
T(35) = 1, 5, 7, 35
ggT (24, 35) = 1 24 und 35 haben nur die Zahl 1 als gemeinsamen Teiler.

Eine gute Möglichkeit den ggT von Zahlen schnell zu finden, ist die **Primfaktorenzerlegung**.

Beispiel: ggT (12, 18) =

12	$\underline{2}$	18	$\underline{2}$
6	2	9	$\underline{3}$
3	$\underline{3}$	3	3
1		1	

1. Dividiere die Zahl durch die kleinste enthaltene Primzahl. Schreibe den Quotienten unter die Zahl. Führe das Verfahren fort, bis der Quotient 1 erreicht ist.
2. Unterstreiche die Primfaktoren, die in beiden Zerlegungen vorkommen.
3. Der ggT ist das Produkt aller unterstrichenen Primfaktoren.

ggT (12, 18) = 2 · 3 = 6

Beispiel: ggT (30, 36, 48) =

30	$\underline{2}$	36	$\underline{2}$	48	$\underline{2}$
15	$\underline{3}$	18	2	24	2
5	5	9	$\underline{3}$	12	2
1		3	3	6	2
		1		3	$\underline{3}$
				1	

Unterstreiche die gemeinsamen Primfaktoren in allen drei Zahlen.

ggT(30, 36, 48) = 2 · 3 = 6

Größter gemeinsamer Teiler (ggT)

1 **Suche alle gemeinsamen Teiler und ordne sie der Größe nach!**

a) T(20) =

b) T(75) =

c) T(36) =

d) T(60) =

e) T(48) =

f) T(100) =

---

2 **Suche den größten gemeinsamen Teiler (ggT) durch Zerlegung in Primfaktoren!**

a) ggT(8, 12) =

b) ggT(20, 25) =

c) ggT(12, 36) =

d) ggT(48, 60) =

e) ggT(50, 72) =

f) ggT(75, 100) =

g) ggT(30, 40) =

h) ggT(14, 15) =

i) ggT(51, 17) =

Kleinstes gemeinsames Vielfaches (kgV)

Das kleinste gemeinsame Vielfache von zwei oder mehreren Zahlen ist die kleinste Zahl, in der die angegebenen Zahlen enthalten sind.

Beispiel: Bestimme das kleinste gemeinsame Vielfache von 8 und 12!

V(8) = 8, 16, 24, 32, 40, 48, 56, 64 …
V(12) = 12, 24, 36, 48, 60, 72 …

1. Bestimme alle Vielfachen der angegeben Zahlen.
2. Unterstreiche die gemeinsamen Vielfachen.
3. Das kleinste gemeinsame Vielfache ist 24.
   Man schreibt kgV (8, 12) = 24

Kontrolle: 8 ist Teiler von 24: 8 | 24, es gilt 24 = 8 · 3, 8 ist in 24 3-mal enthalten.
12 ist Teiler von 24: 12 | 24, es gilt 24 = 12 | 2, 12 ist in 24 2-imal enthalten.

Das **kleinste gemeinsame Vielfache** zweier **teilerfremder Zahlen** ist das **Produkt dieser Zahlen.**

Beispiel: Bestimme das kleinste gemeinsame Vielfache von 2 und 3!

V(2) = 2, 4, 6, 8, 10, 12, 14, …
V(3) = 3, 6, 9, 12, 15, 18, …

Die Zahlen 2 und 3 sind teilerfremd: ggT(2, 3) = 1

kgV (2, 3) = 6

Das kleinste gemeinsame Vielfache von 2 und 3 ist das Produkt von 2 · 3 = 6.

Das kgV kann auch mit einer **Primfaktorenzerlegung** gefunden werden.

Beispiel: kgV(30, 45) =

30	2	45	3	✓
15	3	15	3	
5	5	5	5	✓
1		1		

1. Dividiere die Zahl durch die kleinste enthaltene Primzahl und schreibe den Quotienten unter die Zahl. Führe das Verfahren fort, bis der Quotient 1 erreicht ist.
2. Unterstreiche die Primfaktoren, die in beiden Zerlegungen vorkommen und hake sie in einer der beiden Zerlegungen ab!
3. Das kgV ist das Produkt aller nicht abgehakter Primfaktoren!

kgV(30,45) = 2 · 3 · 5 · 3 = **90**

Das **Produkt aus ggT und kgV** zweier Zahlen ist **gleich** dem **Produkt dieser Zahlen.**

Beispiel: Vergleiche den ggT(6, 8), das kgV(6, 8) und das Produkt aus 6 und 8.

6	2	8	2	✓
3	3	4	2	
1		2	2	
		1		

ggT(6, 8) = 2 kgV(6, 8) = 2 · 3 · 2 · 2 = 24 6 · 8 = 48

ggT(6, 8) · kgV(6, 8) = 6 · 8 = 48

Kleinstes gemeinsames Vielfaches (kgV)

1 **Suche die Vielfachen!**

a) V(3) =

b) V(15) =

c) V(10) =

d) V(25) =

e) V(12) =

f) V(75) =

2 **Suche das kleinste gemeinsame Vielfache (kgV) durch Zerlegung in Primfaktoren!**

a) kgV(8, 12) =

b) kgV(10, 15) =

c) kgV(24, 36) =

d) kgV(14, 21) =

e) kgV(64, 30) =

f) kgV(45, 54) =

g) kgV(9, 15, 24) =

h) kgV(36, 15, 21) =

i) kgV(25, 11, 17) =

Bruchrechnen

Wenn du eine Kreisfläche (Torte) in 4 gleich große Teile zerteilst, dann ist jeder Teil der vierte Teil der ganzen Fläche.

$\frac{1}{4} = \frac{\text{ZÄHLER}}{\text{NENNER}}$

- ZÄHLER – gibt die Anzahl der Teile an
- Bruchstrich
- NENNER – gibt an, in wie viele gleiche Teile das Ganze geteilt wurde

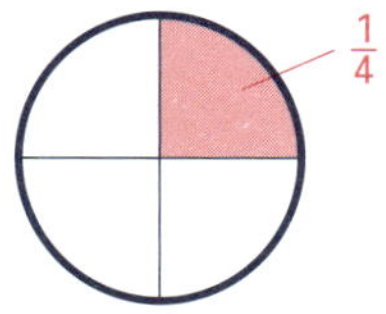

Jeder Bruch ist eine nicht ausgeführte Division:

$\frac{a}{b} = a : b$ mit $b \neq 0$

Jeder Bruch kann als Dezimalzahl geschrieben werden:

$\frac{1}{4} = 1 : 4 = 0{,}25$

Brucharten

Echte Brüche:

Der Zähler ist kleiner als der Nenner.

Der **Wert** der Brüche ist immer **kleiner als 1:** $\frac{3}{4}, \frac{2}{3}, \frac{1}{8} \ldots$

Sonderfall: **Stammbrüche** – hier ist der Zähler immer 1: $\frac{1}{6}, \frac{1}{12}, \frac{1}{100} \ldots$

Unechte Brüche:

Der Zähler ist größer als der Nenner.

Der **Wert** der Brüche ist immer **größer als 1:** $\frac{3}{2}, \frac{7}{4}, \frac{25}{8} \ldots$

Ein unechter Bruch kann auch durch eine natürliche Zahl und einen echten Bruch dargestellt werden.

Eine solche Zahl wird **gemischte Zahl** genannt: $\frac{5}{4} = 1\frac{1}{4}, \frac{7}{3} = 2\frac{1}{3}$

Uneigentliche Brüche:

Der Zähler ist ein Vielfaches des Nenners.

Der **Wert** der Brüche ist eine **natürliche Zahl:** $\frac{4}{2} = 2, \frac{12}{3} = 4, \frac{5}{5} = 1$

Umgekehrt lässt sich jede natürliche Zahl als Bruch darstellen.

Dezimalbrüche:

Brüche mit dem Nenner 10, 100, 1 000, 10 000 … z. B. $\frac{3}{10}, \frac{7}{100} \ldots$

Beispiel:

Schreib als ganze Zahl: $\frac{15}{5} = 3$ $\quad$ $15 : 5 = 3$ $\quad$ 15 ist das 3-fache von 5

Schreib als gemischte Zahl: $\frac{12}{5} = \frac{10}{5} + \frac{2}{5} = 2\frac{2}{5}$

Verwandle in einen unechten Bruch: $3\frac{1}{2} = \frac{6}{2} + \frac{1}{2} = \frac{7}{2}$

Brucharten

1 Schreib als gemischte Zahl!

a) $\frac{3}{2} = 1\frac{1}{2}$ b) $\frac{7}{4} = 1\frac{3}{4}$ c) $\frac{13}{10} = 1\frac{3}{10}$ d) $\frac{6}{5} = 1\frac{1}{5}$ e) $\frac{7}{3} = 2\frac{1}{3}$

f) $\frac{11}{10} = 1\frac{1}{10}$ g) $\frac{117}{100} = 1\frac{17}{100}$ h) $\frac{13}{8} = 1\frac{5}{8}$ i) $\frac{13}{4} = 3\frac{1}{4}$ j) $\frac{13}{2} =$

k) $\frac{25}{6} = 4\frac{1}{6}$ l) $\frac{32}{9} = 3\frac{5}{9}$ m) $\frac{25}{8} = 3\frac{1}{8}$ n) $\frac{92}{30} = 3\frac{2}{30} = 3\frac{1}{15}$ o) $\frac{219}{100} = 2\frac{19}{100}$

p) $\frac{100}{9} =$ q) $\frac{100}{11} = 9\frac{1}{11}$ r) $\frac{34}{15} = 2\frac{4}{15}$ s) $\frac{35}{2} = 17\frac{1}{2}$ t) $\frac{97}{10} = 9\frac{7}{10}$

2 Schreib als unechten Bruch!

a) $1\frac{3}{4} =$ b) $2\frac{1}{2} =$ c) $3\frac{1}{8} =$ d) $5\frac{3}{8} =$ e) $4\frac{1}{3} =$

f) $7\frac{5}{8} =$ g) $3\frac{2}{5} =$ h) $1\frac{7}{8} =$ i) $8\frac{7}{10} =$ j) $5\frac{1}{7} =$

k) $8\frac{7}{100} =$ l) $6\frac{5}{6} =$ m) $9\frac{2}{3} =$ n) $11\frac{1}{8} =$ o) $25\frac{3}{4} =$

p) $3\frac{3}{20} =$ q) $6\frac{2}{9} =$ r) $7\frac{6}{7} =$ s) $5\frac{1}{12} =$ t) $8\frac{7}{8} =$

3 Schreib als ganze Zahl!

a) $\frac{8}{2} =$ b) $\frac{8}{4} =$ c) $\frac{24}{8} =$ d) $\frac{10}{5} =$ e) $\frac{12}{4} =$ f) $\frac{12}{3} =$

g) $\frac{15}{3} =$ h) $\frac{24}{3} =$ i) $\frac{30}{6} =$ j) $\frac{32}{4} =$ k) $\frac{25}{5} =$ l) $\frac{60}{6} =$

4 Schreib unechte Brüche als gemischte Zahlen und umgekehrt!

a) $3\frac{2}{7} =$ b) $4\frac{8}{9} =$ c) $\frac{8}{6} =$ d) $1\frac{5}{19} =$ e) $\frac{14}{7} =$

f) $2\frac{7}{12} =$ g) $5\frac{3}{10} =$ h) $\frac{500}{100} =$ i) $\frac{19}{6} =$ j) $4\frac{7}{100} =$

Bruchzahlen in Bruch- und Dezimalschreibweise

Einen Bruch kann man durch Dividieren als Dezimalzahl anschreiben.

Beispiel:

$\frac{2}{5} = 0{,}4$ weil $2 : 5 = 0{,}4$ $\frac{30}{200} = 0{,}15$ weil $30 : 200 = 0{,}15$

Es sind **endliche Dezimalzahlen** entstanden.

Beispiel:

$\frac{2}{3} = 0{,}6666\ldots$ Die Division hat kein Ende, im Quotient tritt immer wieder 6 auf.

Man schreibt kürzer $0{,}\dot{6}$ und sagt „Null Komma sechs periodisch“.
Die immer wiederkehrende Ziffer nennt man Periode.

Eine solche Zahl heißt **periodische Dezimalzahl.**

Beispiel:

$\frac{5}{6} = 0{,}8333\ldots$ Auch diese Division hat kein Ende, vor der Periode tritt aber die Ziffer 8 auf.
Diese Ziffer nennt man Vorperiode.

Man schreibt: $0{,}8\dot{3}$ und sagt „Null Komma acht drei, drei periodisch“.

Eine solche Zahl heißt **gemischt periodische Dezimalzahl.**

Verwandeln von Dezimalzahlen in Bruchzahlen

Endliche Dezimalzahlen

$2{,}3 = 2\frac{3}{10}$ Endliche Dezimalzahlen lassen sich direkt als Bruchzahlen anschreiben.

Periodische Dezimalzahlen z. B. $0{,}\dot{1}\dot{7}$

$$\begin{aligned} 100 \cdot 0{,}\dot{1}\dot{7} &= 17{,}1717\ldots \\ -\,0{,}\dot{1}\dot{7} &= 0{,}1717\ldots \\ \hline 99 \cdot 0{,}\dot{1}\dot{7} &= 17 \quad | : 99 \\ 0{,}\dot{1}\dot{7} &= \frac{17}{99} \end{aligned}$$

1. Multipliziere mit 100.
   Dadurch wandert die Periode vor das Komma.
2. Subtrahiere die Zahl. Die Dezimalen fallen weg.
3. Berechne aus der Gleichung die Bruchzahl.

Gemischt periodische Dezimalzahlen z. B. $0{,}2\dot{1}$

$$\begin{aligned} 100 \cdot 0{,}2\dot{1} &= 21{,}1111\ldots \\ -\,10 \cdot 0{,}2\dot{1} &= 2{,}1111\ldots \\ \hline 90 \cdot 0{,}2\dot{1} &= 19 \\ 0{,}2\dot{1} &= \frac{19}{90} \end{aligned}$$

1. Multipliziere mit 100, die Periode wandert vor das Komma.
2. Multipliziere mit 10, die Vorperiode wandert vor das Komma.
3. Subtrahiere die Zahl. Die Dezimalen fallen weg.
4. Berechne aus der Gleichung die Bruchzahl.

Bruchzahlen in Bruch- und Dezimalschreibweise

1 **Verwandle in Dezimalzahlen!**

a) $\frac{3}{10}$ = b) $\frac{37}{100}$ = c) $\frac{259}{100}$ = d) $\frac{15}{10}$ = e) $\frac{260}{100}$ =

f) $\frac{7}{100}$ = g) $\frac{20}{100}$ = h) $\frac{1}{1\,000}$ = i) $3\frac{7}{10}$ = j) $5\frac{19}{100}$ =

k) $16\frac{50}{100}$ = l) $2\frac{2}{1\,000}$ = m) $\frac{332}{10}$ = n) $\frac{8}{100}$ = o) $13\frac{4}{10}$ =

---

2 **Verwandle in Dezimalzahlen!**

a) $\frac{1}{2}$ = b) $\frac{1}{4}$ = c) $\frac{3}{4}$ = d) $\frac{1}{8}$ =

e) $1\frac{1}{8}$ = f) $5\frac{1}{4}$ = g) $3\frac{2}{4}$ = h) $6\frac{4}{8}$ =

i) $\frac{2}{5}$ = j) $\frac{27}{50}$ = k) $\frac{3}{25}$ = l) $\frac{7}{20}$ =

m) $\frac{11}{55}$ = n) $\frac{3}{12}$ = o) $\frac{15}{75}$ = p) $\frac{2}{125}$ =

---

3 **Verwandle in Brüche bzw. in gemischte Zahlen und kürze, sofern es möglich ist!**

a) 0,5 = b) 0,6 = c) 0,7 = d) 1,9 =

e) 5,2 = f) 0,75 = g) 0,125 = h) 2,03 =

i) 0,09 = j) 0,05 = k) 8,2 = l) 12,5 =

m) 0,01 = n) 8,12 = o) 3,05 = p) 1,17 =

q) 3,007 = r) 1,15 = s) 10,75 = t) 2,125 =

---

4 **Verwandle in Brüche bzw. in gemischte Zahlen und kürze, sofern es möglich ist!**

a) $0{,}\dot{3}$ = b) $2{,}\dot{6}$ = c) 10,025 = d) 1,675 =

e) $0{,}\dot{6}$ = f) $19{,}\dot{3}$ = g) 4,075 = h) 2,555 =

i) 0,000 5 = j) $16{,}\dot{6}$ = k) 16,6 = l) 12,121 2 =

Erweitern und Kürzen

Erweitern

Beim **Erweitern eines Bruches** werden Zähler und Nenner mit derselbe von Null verschiedenen Zahl multipliziert. Der Wert des Bruches bleibt dabei gleich.

Beispiel: Erweitere $\frac{3}{5}$ mit 2, 3, 5, 10.

$\frac{3}{5} = \frac{3 \cdot 2}{5 \cdot 2} = \frac{6}{10}$ $\frac{3}{5} = \frac{3 \cdot 3}{5 \cdot 3} = \frac{9}{15}$ $\frac{3}{5} = \frac{3 \cdot 5}{5 \cdot 5} = \frac{15}{25}$ $\frac{3}{5} = \frac{3 \cdot 10}{5 \cdot 10} = \frac{30}{50}$

Beispiel: Mit welcher Zahl wurde der Bruch erweitert?

$\frac{1}{2} = \frac{3}{6}$ $\frac{3}{6} = \frac{1 \cdot 3}{2 \cdot 3}$ Es wurde mit 3 erweitert.

Beispiel: Berechne den fehlenden Nenner!

$\frac{4}{5} = \frac{8}{\square}$ Da $8 = 4 \cdot 2$ ist, wurde mit 2 erweitert.

Der Nenner muss daher 10 sein. $\frac{4}{5} = \frac{8}{10}$

Beispiel: Welcher Bruch ist größer $\frac{1}{2}$ oder $\frac{2}{3}$?

Man kann die beiden Brüche nicht direkt miteinander vergleichen. Wenn man sie aber so erweitert, dass beide Brüche denselben Nenner haben, kann man den größeren finden.

$\frac{1}{2} = \frac{3}{6}$ $\frac{2}{3} = \frac{4}{6}$ Beachte: kgV(2, 3) = 6 Da $\frac{3}{6} < \frac{4}{6}$ gilt auch $\frac{1}{2} < \frac{2}{3}$.

Kürzen

Beim **Kürzen eines Bruches** werden Zähler und Nenner duch dieselbe von Null verschiedenen Zahl dividiert. Der Wert des Bruches bleibt dabei gleich.

Beispiel: Kürze so weit wie möglich!

$\frac{12}{18} = \frac{6}{9} = \frac{2}{3}$ 12 und 18 haben 2 als gemeinsamen Teiler, man kann daher durch 2 kürzen.

6 und 9 haben 3 als gemeinsamen Teiler, man kann daher durch 3 kürzen.
Schneller geht es, wenn man gleich durch 6 kürzt.
Beachte: ggT(12, 18) = 6

Beispiel: Durch welche Zahl wurde gekürzt?

$\frac{64}{80} = \frac{4}{5}$ Es wurde durch 16 gekürzt.

Beispiel: Berechne den fehlenden Nenner!

$\frac{24}{36} = \frac{8}{\square}$ Da 24 : 8 = 3 ist, wurde durch 3 gekürzt.
Der Nenner muss daher 12 sein. $\frac{24}{36} = \frac{8}{12}$

Erweitern und Kürzen

1 Erweitere die folgenden Brüche!

a) $\frac{3}{4} = \frac{}{8}$ b) $\frac{2}{8} = \frac{}{16}$ c) $\frac{3}{10} = \frac{}{100}$ d) $\frac{17}{100} = \frac{}{1\,000}$ e) $\frac{2}{3} = \frac{}{6}$

f) $\frac{7}{8} = \frac{}{24}$ g) $\frac{3}{5} = \frac{}{25}$ h) $\frac{2}{9} = \frac{}{18}$ i) $\frac{13}{14} = \frac{}{28}$ j) $\frac{1}{25} = \frac{}{50}$

k) $\frac{2}{7} = \frac{}{49}$ l) $\frac{5}{12} = \frac{}{36}$ m) $\frac{17}{20} = \frac{}{60}$ n) $\frac{2}{25} = \frac{}{100}$ o) $\frac{13}{50} = \frac{}{200}$

p) $\frac{3}{19} = \frac{}{38}$ q) $\frac{34}{100} = \frac{}{200}$ r) $\frac{3}{12} = \frac{}{48}$ s) $\frac{7}{15} = \frac{}{30}$ t) $\frac{8}{15} = \frac{}{45}$

2 Womit wurde erweitert?

a) $\frac{2}{5} = \frac{4}{10}$ b) $\frac{3}{7} = \frac{9}{21}$ (·3) c) $\frac{15}{16} = \frac{60}{64}$ (·4) d) $\frac{7}{10} = \frac{7}{1\,000}$ e) $\frac{13}{15} = \frac{52}{60}$

f) $\frac{5}{9} = \frac{40}{72}$ g) $\frac{12}{17} = \frac{60}{85}$ h) $\frac{3}{29} = \frac{6}{58}$ i) $\frac{18}{20} = \frac{90}{100}$ j) $\frac{0}{4} = \frac{0}{8}$

3 Kürze so weit wie möglich!

a) $\frac{4}{8} =$ b) $\frac{3}{6} =$ c) $\frac{5}{15} =$ d) $\frac{6}{18} =$ e) $\frac{7}{49} =$

f) $\frac{12}{16} =$ g) $\frac{15}{25} =$ h) $\frac{30}{40} =$ i) $\frac{36}{42} =$ j) $\frac{15}{20} =$

k) $\frac{30}{100} =$ l) $\frac{17}{34} =$ m) $\frac{22}{33} =$ n) $\frac{10}{25} =$ o) $\frac{60}{80} =$

p) $\frac{35}{45} =$ q) $\frac{35}{56} =$ r) $\frac{28}{64} =$ s) $\frac{100}{1\,000} =$ t) $\frac{250}{1\,000} =$

4 Durch welche Zahl wurde gekürzt?

a) $\frac{3}{9} = \frac{1}{3}$ b) $\frac{4}{12} = \frac{1}{3}$ c) $\frac{25}{35} = \frac{5}{7}$ d) $\frac{16}{48} = \frac{1}{3}$ e) $\frac{50}{100} = \frac{1}{2}$

f) $\frac{12}{14} = \frac{6}{7}$ g) $\frac{49}{56} = \frac{7}{8}$ h) $\frac{30}{100} = \frac{3}{10}$ i) $\frac{51}{63} = \frac{17}{21}$ j) $\frac{2\,500}{3\,500} = \frac{5}{7}$

Addition und Subtraktion von Brüchen

Gleichnamige Brüche werden addiert bzw. subtrahiert, indem man die Zähler addiert bzw. subtrahiert. Der Nenner bleibt dabei unverändert:

$\frac{a}{n} + \frac{b}{n} = \frac{a+b}{n}$ $\frac{a}{n} - \frac{b}{n} = \frac{a-b}{n}$

Beispiel: $\frac{7}{5} + \frac{3}{5} = \frac{10}{5} = 2$ Vergiss nicht im Ergebnis zu kürzen!

Beispiel: $\frac{2}{3} + 2\frac{1}{3} + 1\frac{2}{3} = 3 + \frac{2}{3} + \frac{1}{3} + \frac{2}{3} = 3\frac{5}{3} = 4\frac{2}{3}$ Addiere zunächst die Ganzen und dann die Drittel!

$\frac{2}{3} + 2\frac{1}{3} + 1\frac{2}{3} = \frac{2}{3} + \frac{7}{3} + \frac{5}{3} = \frac{14}{3} = 4\frac{2}{3}$ Du kannst auch vor dem Addieren die gemischten Zahlen in unechte Brüche verwandeln.

Beispiel: $2\frac{5}{6} - 1\frac{1}{6} = 1\frac{4}{6} = 1\frac{2}{3}$ Da $\frac{5}{6}$ größer $\frac{1}{6}$ sind, kannst du sofort subtrahieren.

Beispiel: $5\frac{2}{5} - 3\frac{4}{5} = 4\frac{7}{5} - 3\frac{4}{5} = 1\frac{3}{5}$ Da $\frac{2}{5}$ kleiner $\frac{4}{5}$ sind, musst du vor dem Subtrahieren von den 5 Ganzen ein Ganzes in Fünftel verwandeln.

$5\frac{2}{5} - 3\frac{4}{5} = \frac{27}{5} - \frac{19}{5} = \frac{8}{5} = 1\frac{3}{5}$ Du kannst aber auch zuerst in unechte Brüche verwandeln.

Ungleichnamige Brüche werden vor dem Addieren bzw. Subtrahieren auf den kleinsten gemeinsamen Nenner erweitert. Der kleinste gemeinsame Nenner ist das kleinste gemeinsame Vielfache der einzelnen Nenner.

Beispiel: $\frac{1}{2} + \frac{2}{3} = \frac{3}{6} + \frac{4}{6} = \frac{7}{6} = 1\frac{1}{6}$ kleinster gemeinsamer Nenner: kgV(2, 3) = 6

Beispiel: $12\frac{1}{4} - \left(\frac{4}{5} + 2\frac{1}{2}\right) + 3\frac{3}{4} =$ Verwandle in unechte Brüche!

$= \frac{49}{4} - \left(\frac{4}{5} + \frac{5}{2}\right) + \frac{15}{4} =$ gemeinsamer Nenner: kgV(2, 4, 5) = 20

$= \frac{245}{20} - \left(\frac{16}{20} + \frac{50}{20}\right) + \frac{75}{20} =$ Beachte die Klammerregel!

$= \frac{245}{20} - \frac{66}{20} + \frac{75}{20} =$

$= \frac{179}{20} + \frac{75}{20} =$

$= \frac{254}{20} = 12\frac{14}{20} = 12\frac{7}{10}$

Addition und Subtraktion von Brüchen

1

a) $\frac{3}{8}+\frac{2}{8}=$ b) $\frac{2}{7}+\frac{4}{7}=$ c) $\frac{1}{13}+\frac{8}{13}=$ d) $1\frac{5}{9}+\frac{2}{9}=$

e) $\frac{7}{11}-\frac{5}{11}=$ f) $3\frac{9}{10}-\frac{8}{10}=$ g) $5\frac{3}{4}-2\frac{2}{4}=$ h) $6\frac{1}{8}+3\frac{2}{8}=$

2

a) $1\frac{1}{2}+6\frac{1}{2}=$ b) $5\frac{3}{8}+\frac{1}{8}=$ c) $\frac{3}{9}+\frac{6}{9}=$

d) $4\frac{7}{10}-\frac{2}{10}=$ e) $1\frac{5}{12}+3\frac{1}{12}=$ f) $7\frac{3}{8}+1\frac{3}{8}=$

g) $3\frac{3}{4}+12\frac{3}{4}=$ h) $8\frac{2}{6}+2\frac{5}{6}=$ i) $7\frac{33}{100}-1\frac{23}{100}=$

3

a) $3\frac{3}{4}$ kg + $2\frac{1}{4}$ kg = b) $5\frac{7}{8}$ t − $3\frac{3}{8}$ t = c) $1\frac{3}{4}$ h + $2\frac{3}{4}$ h =

d) $5\frac{7}{10}$ l + $1\frac{6}{10}$ l = e) $4\frac{7}{8}$ kg − $2\frac{5}{8}$ kg = f) $8\frac{7}{8}$ m³ + $\frac{7}{8}$ m³ =

g) $1\frac{23}{100}$ s + $5\frac{27}{100}$ s = h) $\frac{15}{100}$ m + $2\frac{15}{100}$ m = i) $1\frac{1}{8}$ ha + $4\frac{3}{8}$ ha =

4

a) $4\frac{1}{2}+2\frac{1}{2}+6\frac{1}{2}=$ b) $7\frac{3}{8}$ kg + $2\frac{1}{8}$ kg + $5\frac{5}{8}$ kg =

c) $12\frac{3}{7}+2\frac{8}{7}+\frac{9}{7}+2\frac{1}{7}=$ d) $14\frac{2}{5}+8\frac{1}{5}+\frac{3}{5}+\frac{4}{5}+1+\frac{2}{5}=$

e) $5+2\frac{2}{5}+4\frac{7}{5}+\frac{1}{5}=$ f) $3\frac{3}{4}$ m² + $2\frac{3}{4}$ m² + 5 m² + $\frac{3}{4}$ m² =

5

a) $5-\frac{3}{4}=$ b) $6\frac{1}{5}-\frac{2}{5}=$

c) $4\frac{1}{8}-\frac{4}{8}=$ d) $7\frac{3}{10}-1\frac{8}{10}=$

e) $5\frac{2}{7}-2\frac{4}{7}=$ f) $11\frac{5}{19}-\frac{18}{19}=$

Addition und Subtraktion von Brüchen

1

a) $\frac{3}{4} + \frac{1}{8} = \frac{6}{8} + \frac{1}{8} = \frac{7}{8}$

b) $2\frac{4}{5} + \frac{7}{10} = 2\frac{8}{10} + \frac{7}{10} = 2\frac{15}{10} = 3\frac{3}{2} = 4\frac{1}{2}$

c) $5\frac{5}{8} - \frac{1}{2} =$

d) $\frac{3}{7} + \frac{1}{14} =$

e) $5\frac{77}{100} - 2\frac{4}{10} =$

f) $3\frac{5}{6} + 1\frac{1}{3} =$

g) $4\frac{1}{2} + 1\frac{7}{10} =$

h) $8\frac{3}{10} + 4\frac{3}{20} =$

i) $\frac{1}{3} + 4\frac{5}{12} =$

j) $4\frac{1}{15} + 2\frac{3}{5} =$

k) $1\frac{7}{11} - \frac{5}{33} =$

l) $6\frac{17}{30} - \frac{3}{10} =$

m) $7\frac{1}{2} + \frac{13}{100} =$

n) $\frac{3}{4} + 7\frac{1}{20} =$

2

a) $\frac{2}{3} + \frac{1}{4} =$

b) $1\frac{2}{5} - \frac{1}{3} =$

c) $6\frac{1}{2} + \frac{2}{3} =$

d) $5\frac{4}{5} + 2\frac{1}{4} =$

e) $12\frac{3}{7} - 1\frac{1}{8} =$

f) $\frac{2}{9} + 1\frac{3}{6} =$

3

a) $1\frac{1}{2} + \frac{2}{3} + 4\frac{3}{4} =$

b) $1\frac{2}{3} + 1\frac{1}{6} + \frac{3}{4} =$

c) $8\frac{3}{5} + 2\frac{1}{4} + \frac{1}{3} =$

d) $5\frac{7}{10} + \frac{1}{4} + 4\frac{4}{5} =$

e) $\frac{13}{100} + \frac{7}{10} + \frac{111}{1\,000} =$

f) $7\frac{1}{4} + 3\frac{2}{5} + 1\frac{1}{3} + \frac{4}{10} =$

g) $1\frac{1}{5} + 2\frac{5}{6} - 4\frac{1}{10} + 2\frac{1}{3} =$

h) $5 + \frac{1}{2} + \frac{2}{3} + \frac{3}{4} + \frac{4}{5} + \frac{5}{6} =$

Multiplizieren mit Brüchen

Ein Bruch wird **mit einer ganzen Zahl** multipliziert, indem man den Zähler mit der Zahl multipliziert und den Nenner unverändert lässt.

$\frac{a}{b} \cdot k = \frac{a \cdot k}{b}$

Um dir das Rechnen zu erleichtern, **kürze** wenn möglich **vor dem Multiplizieren.**

Beispiel:

$\frac{5}{12} \cdot 6 = \frac{5 \cdot 6}{12}^{*} = \frac{5 \cdot 1}{2} = \frac{5}{2} = 2\frac{1}{2}$ — * Kürze durch 6!

Beispiel:

$2\frac{5}{6} \cdot 4 =$ — Verwandle in einen unechten Bruch

$= \frac{17}{6} \cdot 4 = \frac{17 \cdot 4}{6}^{*} = \frac{17 \cdot 2}{3} = \frac{34}{3} = 11\frac{1}{3}$ — * Kürze durch 2!

Ein Bruch wird **mit einem Bruch** multipliziert, indem man den Zähler mit dem Zähler und den Nenner mit dem Nenner multipliziert.

$\frac{a}{b} \cdot \frac{c}{d} = \frac{a \cdot c}{b \cdot d}$

Um dir das Rechnen zu erleichtern, **kürze** wenn möglich **vor dem Multiplizieren.**

Beispiel:

$\frac{3}{4} \cdot \frac{2}{9} = \frac{3 \cdot 2}{4 \cdot 9}^{*} = \frac{1 \cdot 2}{4 \cdot 3}^{*} = \frac{1 \cdot 1}{2 \cdot 3} = \frac{1}{6}$ — * Kürze durch 3 bzw. durch 2!

Beispiel:

$2\frac{1}{4} \cdot \frac{2}{3} = \frac{9}{4} \cdot \frac{2}{3} =$ — Verwandle in einen unechten Bruch;

$= \frac{9 \cdot 2}{4 \cdot 3}^{*} = \frac{3 \cdot 2}{4 \cdot 1}^{*} = \frac{3 \cdot 1}{2 \cdot 1} = \frac{3}{2} = 1\frac{1}{2}$ — * Kürze durch 3 bzw. durch 2!

Verbindung von Addition, Subtraktion und Multiplikation

Beispiel:

$4\frac{2}{3} + 1\frac{1}{6} \cdot \frac{3}{4} =$ — Vorrangregel!

$= \frac{14}{3} + \frac{7}{6} \cdot \frac{3}{4} = \frac{14}{3} + \frac{7 \cdot 3}{6 \cdot 4}^{*} = \frac{14}{3} + \frac{7 \cdot 1}{2 \cdot 4} = \frac{14}{3} + \frac{7}{8} = \frac{112}{24} + \frac{21}{24} = \frac{133}{24} = 5\frac{13}{24}$ — * Kürze durch 3!

Beispiel:

$\frac{4}{5} \cdot \left(1\frac{1}{4} + 2\frac{2}{5}\right) =$ — Klammerregel!

$= \frac{4}{5} \cdot \left(\frac{5}{4} + \frac{12}{5}\right) = \frac{4}{5} \cdot \left(\frac{25}{20} + \frac{48}{20}\right) = \frac{4}{5} \cdot \frac{73}{20}^{*} = \frac{1 \cdot 73}{5 \cdot 5} = \frac{73}{25} = 2\frac{23}{25}$ — * Kürze durch 4!

Multiplizieren mit Brüchen

1

a) $\frac{3}{4} \cdot 5 =$ b) $\frac{2}{3} \cdot 4 =$ c) $\frac{7}{10} \cdot 8 =$ d) $\frac{4}{7} \cdot 2 =$

e) $\frac{2}{5} \cdot 3 =$ f) $\frac{7}{8} \cdot 3 =$ g) $3 \cdot \frac{7}{8} =$ h) $5 \cdot \frac{6}{7} =$

i) $4 \cdot \frac{2}{3} =$ j) $\frac{2}{9} \cdot 2 =$ k) $\frac{9}{100} \cdot 2 =$ l) $7 \cdot \frac{3}{5} =$

2

a) $\frac{3}{8}$ kg · 7 = b) 4 · $\frac{2}{5}$ km = c) $\frac{7}{10}$ l · 5 = d) $\frac{14}{100}$ s · 5 =

e) 4 m · $\frac{2}{3}$ = f) 2 · $\frac{3}{10}$ t = g) 9 kg · $\frac{4}{5}$ = h) $\frac{3}{4}$ kg · 20 =

3

a) $1\frac{1}{2} \cdot 3 =$ b) $4\frac{3}{5} \cdot 2 =$ c) $6\frac{2}{3} \cdot 4 =$ d) $3 \cdot 2\frac{5}{7} =$

e) $10 \cdot 2\frac{7}{8} =$ f) $5 \cdot 1\frac{4}{5} =$ g) $7 \cdot 7\frac{7}{9} =$ h) $4\frac{5}{6} \cdot 3 =$

4

Berechne:

a) $\frac{3}{10}$ von 120 km = b) $\frac{2}{3}$ von 90 kg =

c) $\frac{4}{5}$ von 80 hl = d) $\frac{3}{7}$ von 21 m =

5

Bei einem Radrennen ist ein Rundkurs mit $5\frac{3}{4}$ km 20-mal zu durchfahren. Wie lange ist die Rennstrecke?

6

Ein Fernfahrer hat von einer 2 400 km langen Strecke $\frac{2}{3}$ zurückgelegt. Wie viele km ist er bereits gefahren?

7

Wie schwer ist ein Postsack mit drei Paketen zu je $\frac{3}{8}$ kg, zwei Paketen zu je $\frac{3}{4}$ kg und fünf Paketen zu je $1\frac{1}{2}$ kg Gewicht?

Multiplizieren mit Brüchen

1

a) $\frac{1}{2} \cdot \frac{3}{7} =$ b) $\frac{7}{4} \cdot \frac{3}{5} =$ c) $\frac{4}{3} \cdot \frac{2}{5} =$ d) $\frac{3}{10} \cdot \frac{3}{4} =$

e) $\frac{5}{6} \cdot \frac{7}{4} =$ f) $\frac{2}{3} \cdot \frac{2}{5} =$ g) $\frac{6}{7} \cdot \frac{2}{5} =$ h) $\frac{1}{100} \cdot \frac{3}{10} =$

2

Kürze vor dem Rechnen!

a) $\frac{3}{4} \cdot \frac{2}{5} =$ b) $\frac{3}{5} \cdot \frac{2}{3} =$ c) $\frac{8}{7} \cdot \frac{3}{4} =$ d) $\frac{5}{4} \cdot \frac{2}{10} =$

e) $\frac{3}{7} \cdot \frac{4}{6} =$ f) $\frac{8}{5} \cdot \frac{10}{4} =$ g) $\frac{2}{3} \cdot \frac{6}{8} =$ h) $\frac{1}{10} \cdot \frac{5}{11} =$

i) $\frac{4}{11} \cdot \frac{33}{2} =$ j) $\frac{5}{6} \cdot \frac{12}{10} =$ k) $\frac{15}{8} \cdot \frac{4}{5} =$ l) $\frac{4}{3} \cdot \frac{5}{7} =$

3

a) $\frac{3}{4} \cdot 1\frac{1}{2} =$ b) $\frac{2}{5} \cdot 2\frac{3}{4} =$

c) $5\frac{2}{3} \cdot \frac{5}{17} =$ d) $1\frac{4}{5} \cdot \frac{2}{3} =$

e) $\frac{5}{6} \cdot 1\frac{7}{8} =$ f) $\frac{2}{9} \cdot 3\frac{3}{7} =$

4

a) $2\frac{1}{2} \cdot 1\frac{1}{3} =$ b) $4\frac{4}{5} \cdot 2\frac{2}{3} =$

c) $1\frac{5}{7} \cdot 2\frac{3}{4} =$ d) $1\frac{3}{5} \cdot 6\frac{1}{2} =$

e) $6\frac{6}{7} \cdot 1\frac{2}{3} =$ f) $3\frac{5}{9} \cdot 2\frac{3}{4} =$

5

a) $2\frac{1}{2} \cdot \frac{1}{2} \cdot \frac{1}{2} =$ b) $2\frac{2}{3} \cdot 2\frac{1}{2} \cdot 3 =$

c) $\frac{6}{7} \cdot 2\frac{1}{3} \cdot 5 =$ d) $4\frac{2}{3} \cdot 1\frac{1}{7} \cdot \frac{2}{5} \cdot 3 =$

Dividieren mit Brüchen

Ein Bruch wird **durch eine ganzen Zahl** dividiert, indem man den Nenner mit der Zahl multipliziert und den Zähler unverändert lässt.

$\frac{a}{b} : k = \frac{a}{b \cdot k}$

Beispiel:

$\frac{3}{4} : 6 = \frac{3}{4 \cdot 6} {}^{*} = \frac{1}{4 \cdot 2} = \frac{1}{8}$ — * Kürze durch 3!

Beispiel:

$2\frac{1}{4} : 6 =$ — Verwandle in einen unechten Bruch!

$= \frac{9}{4} : 6 = \frac{9}{4 \cdot 6} {}^{*} = \frac{3}{4 \cdot 2} = \frac{3}{8}$ — * Kürze durch 3!

Eine Zahl wird **durch einen Bruch** dividiert, indem man die Zahl mit dem Kehrwert des Bruches multipliziert.

$\frac{a}{b} : \frac{c}{d} = \frac{a}{b} \cdot \frac{d}{c} = \frac{a \cdot d}{b \cdot c}$

Um dir das Rechnen zu erleichtern, **kürze** wenn möglich **vor dem Multiplizieren.**

Beispiel:

$\frac{3}{4} : \frac{6}{11} = \frac{3 \cdot 11}{4 \cdot 6} {}^{*} = \frac{1 \cdot 11}{4 \cdot 2} = \frac{11}{8} = 1\frac{3}{8}$ — * Kürze durch 3!

Beispiel:

$2\frac{1}{4} : 1\frac{1}{2} = \frac{9}{4} : \frac{3}{2} = \frac{9 \cdot 2}{4 \cdot 3} {}^{*} = \frac{3 \cdot 2}{4 \cdot 1} {}^{*} = \frac{3 \cdot 1}{2 \cdot 1} = \frac{3}{2} = 1\frac{1}{2}$ — Verwandle in einen unechten Bruch!
* Kürze durch 3 bzw. durch 2!

Verbindung der vier Grundrechnungsarten

Beispiel:

$4\frac{2}{3} + 1\frac{1}{6} : 1\frac{1}{4} =$ — Vorrangregel!

$= \frac{14}{3} + \frac{7}{6} : \frac{5}{4} = \frac{14}{3} + \frac{7 \cdot 4}{6 \cdot 5} {}^{*} = \frac{14}{3} + \frac{7 \cdot 2}{3 \cdot 5} = \frac{14}{3} + \frac{14}{15} = \frac{70}{15} + \frac{14}{15} = \frac{84}{15} {}^{*} = \frac{28}{5} = 5\frac{3}{5}$ — * Kürze durch 2 bzw. durch 3!

Beispiel:

$\left(1\frac{1}{4} + 2\frac{2}{5}\right) : \left(\frac{3}{4} - \frac{2}{5}\right) =$ — Klammerregel!

$= \left(\frac{5}{4} + \frac{12}{5}\right) : \left(\frac{3}{4} - \frac{2}{5}\right) = \left(\frac{25}{20} + \frac{48}{20}\right) : \left(\frac{15}{20} - \frac{8}{20}\right) = \frac{73}{20} : \frac{7}{20} = \frac{73 \cdot 20}{20 \cdot 7} {}^{*} = \frac{73 \cdot 1}{1 \cdot 7} = \frac{73}{7} = 10\frac{3}{7}$ — * Kürze durch 20!

Dividieren mit Brüchen

1

a) $\frac{3}{8} : 3 =$ b) $\frac{12}{17} : 4 =$ c) $\frac{12}{17} : 3 =$ d) $\frac{15}{17} : 3 =$

e) $\frac{8}{9} : 4 =$ f) $\frac{7}{8} : 7 =$ g) $\frac{2}{3} : 2 =$ h) $\frac{15}{100} : 5 =$

2

a) $\frac{3}{7} : 8 =$ b) $\frac{1}{7} : 5 =$ c) $\frac{2}{5} : 3 =$ d) $\frac{2}{5} : 4 =$

e) $\frac{10}{11} : 15 =$ f) $\frac{6}{7} : 9 =$ g) $\frac{4}{5} : 5 =$ h) $\frac{2}{3} : 8 =$

3

a) $\frac{3}{5} : \frac{2}{7} =$ b) $\frac{4}{5} : \frac{2}{3} =$ c) $\frac{5}{7} : \frac{10}{3} =$

d) $\frac{8}{3} : \frac{4}{6} =$ e) $\frac{5}{7} : \frac{20}{7} =$ f) $\frac{2}{3} : \frac{3}{4} =$

g) $\frac{8}{9} : \frac{10}{3} =$ h) $\frac{2}{7} : \frac{8}{21} =$ i) $\frac{5}{6} : \frac{10}{3} =$

4

a) $4 : \frac{3}{4} =$ b) $5 : \frac{2}{3} =$ c) $7 : \frac{5}{6} =$

d) $12 : \frac{3}{5} =$ e) $4 : \frac{8}{9} =$ f) $2 : \frac{4}{5} =$

g) $7 : \frac{14}{17} =$ h) $15 : \frac{5}{9} =$ i) $20 : \frac{2}{3} =$

5

a) $1\frac{1}{2} : \frac{2}{3} =$ b) $4\frac{3}{4} : \frac{5}{8} =$

c) $\frac{7}{9} : 2\frac{1}{4} =$ d) $\frac{3}{8} : 2\frac{2}{3} =$

e) $4\frac{1}{2} : 1\frac{1}{2} =$ f) $2\frac{3}{8} : 1\frac{3}{4} =$

g) $2 : 3\frac{1}{4} =$ h) $\frac{6}{7} : 2\frac{3}{4} =$

i) $2\frac{5}{8} : \frac{23}{24} =$ j) $7\frac{37}{100} : 2\frac{3}{10} =$

Verbindung der vier Grundrechnungsarten

1 $\frac{2}{3} \cdot \frac{4}{3} - \frac{2}{3} =$

2 $1\frac{1}{2} + \frac{2}{5} \cdot \frac{3}{4} =$

3 $\frac{2}{5} : \frac{1}{2} + \frac{2}{3} =$

4 $\left(\frac{2}{7} + \frac{3}{7}\right) \cdot 2 =$

5 $\left(1\frac{1}{2} + \frac{2}{5}\right) \cdot 10 =$

6 $\left(\frac{2}{3} + \frac{1}{2}\right) \cdot 7 =$

7 $\left(\frac{1}{2} + 3\frac{1}{2}\right) \cdot \left(2\frac{1}{3} + \frac{1}{3}\right) =$

8 $\left(\frac{2}{3} + \frac{1}{4}\right) \cdot \left(1\frac{1}{2} + \frac{3}{4}\right) =$

9 $\left(4\frac{1}{3} + 2\frac{1}{2}\right) : \left(1 + \frac{1}{2}\right) =$

Schlussrechnungen

Schlussrechnungen im direkten Verhältnis

Stell dir vor: 1 kg Äpfel kostet 1,20 €. 2 kg kosten das Zweifache, 3 kg das Dreifache usw. Warenmenge und Preis stehen in einem **direkten Verhältnis,** sie sind direkt proportional. Als Schlussregel gilt: **je mehr … desto mehr** bzw. **je weniger … desto weniger**

Beispiel: Eine Videokassette kostet 5,70 €. Wie viel kosten 3 Videokassetten?

1. Verhältnis: Je mehr Kassetten, desto mehr muss man bezahlen = direktes Verhältnis!
2. Für die Berechnung ist es günstig eine Tabelle aufzustellen:

	Anzahl der Kassetten	Preis in €	
· 3 ↓	1	5,70	↓ · 3
	3	x	

3 Kassetten kosten dreimal so viel wie eine Kassette. In der Tabelle kennzeichnet man das durch einen Pfeil und · 3.

3. Die Rechnung ist direkt aus der Tabelle ablesbar.
   $x = 5{,}70 \cdot 3$ $\quad$ $\mathbf{x = 17{,}10}$ $\quad$ 3 Videokassetten kosten 17,10 €.

In diesem Beispiel wurde von einer **Einheit auf** eine **Mehrheit** geschlossen.

Beispiel: Ein Schwimmbecken fast 48 000 l Wasser und kann in 12 Stunden gefüllt werden. Wie viel Wasser fließt in einer Stunde zu?

1. Verhältnis: Je weniger Stunden, desto weniger Wasser fließt zu = direktes Verhältnis!
2.

	Anzahl der Stunden	Menge Wasser in l	
: 12 ↓	12	48 000	↓ : 12
	1	x	

1 Stunde ist ein Zwölftel von 12 Stunden. In einer Stunde wird daher nur ein Zwölftel der Wassermenge zufließen. In der Tabelle kennzeichnet man das durch einen Pfeil und : 12.

3. Die Rechnung ist direkt aus der Tabelle ablesbar.
   $x = 48\,000 : 12$ $\quad$ $\mathbf{x = 4\,000}$ $\quad$ In einer Stunde fließen 4 000 l Wasser zu.

In diesem Beispiel wurde von einer **Mehrheit auf** eine **Einheit** geschlossen.

Beispiel: Eine 10er-Packung CD-Rohlinge kostet 5,90 €. Sonja kauft eine Packung und verkauft davon 4 Stück an Martina. Wie viel muss Martina bezahlen?

1. Verhältnis: Je weniger CDs, desto weniger ist zu bezahlen = direktes Verhältnis!
2.

	Anzahl der CDs	Preis in €	
: 10 ↓	10	5,90	↓ : 10
	4	x	
· 4 ↓	1	$\frac{5{,}90}{10}$	↓ · 4
	4	$x = \frac{5{,}90}{10} \cdot 4$	

Man kann nicht direkt von 10 auf 4 schließen. Berechne zunächst was ein CD-Rohling kostet, und dann den Preis für 4 CD-Rohlinge.

3. Die Rechnung ist direkt aus der Tabelle ablesbar.
   $x = \frac{5{,}90}{10} \cdot 4$ $\quad$ $\mathbf{x = 2{,}36}$ $\quad$ Martina muss 2,36 € bezahlen.

Hier wurde von einer **Mehrheit** über eine Einheit **auf** eine andere **Mehrheit** geschlossen.

Schlussrechnungen im direkten Verhältnis

Einheit auf Mehrheit – Mehrheit auf Einheit

1 1 kg Äpfel kostet 1,70 €. Wie viel muss man für 2,5 kg bezahlen?

2 Für eine Mechanikerstunde werden 34 € verrechnet.
Wie viel Euro sind zu bezahlen, wenn 14 Stunden gearbeitet wurde?

3 Ein Fußgänger braucht ca. 15 Minuten, um einen Kilometer weit zu gehen.
Wie viele Stunden braucht er für 6 km?

4 Auf einer CD können bis zu 78 Minuten Musik aufgenommen werden.
Wie lange könnte man von 8 CDs Musik hören?

5 Für einen Flug darf ein Reisender höchstens 32 kg Gepäck mitnehmen. Wie viel kg Gepäck können demnach maximal in ein Flugzeug für 180 Passagiere eingeladen werden?

6 Herr Berger bezahlt für 39 l Benzin 35,1 €. Wie viel kostet ein Liter Benzin?

7 Für ein 15-minütiges Auslandsgespräch bezahlt Herr Bond 16,50 €.
Berechne den Preis für eine Minute Gesprächszeit!

8 1 m^2 Baugrund kostet 62 €. Wie teuer ist ein Grundstück mit einer Fläche von 840 m^2?

9 Ein Tonstudio kostet pro Tag 360 € Miete. Berechne die Studiokosten für die Produktion einer CD, wenn das Studio 35 Tage gemietet wird!

10 Eine Person benötigt mit dem Zug von Wien nach Graz 2,5 Stunden.
Wie lange benötigen vier Personen für die gleiche Strecke?

Schlussrechnungen im direkten Verhältnis

Mehrheit auf Mehrheit

1 5 Dosen Sardinen kosten im Supermarkt 6,50 €. Berechne den Preis für 3 Dosen!

2 Ein PKW verbraucht 8,5 l Benzin auf 100 km. Wie viel Liter Benzin muss man für die Fahrt Wien – Salzburg tanken (298 km)?

3 15 Säcke enthalten 750 kg Reis. Wie viel kg Reis sind in 9 Säcken enthalten?

4 Für 600 m^2 Rasen benötigt man 12 kg Samen. Wie viel kg Samen muss man für einen Rasen mit 800 m^2 Größe berechnen?

5 1,2 kg Fleisch kosten 7,50 €. Wie viel Euro bezahlt man für 0,4 kg?

6 Eine Konfektionsfirma verarbeitet für 72 Anzüge 180 m Stoff.
Wie viele Anzüge können aus 240 m Stoff hergestellt werden?

7 6 LKW können zusammen 44,7 t Schotter transportieren.
Welche Menge Schotter könnte von 10 LKW geführt werden?

8 Ein Teppichboden für ein 8,5 m^2 großes Zimmer kostet 170 €.
Wie teuer kommt ein Teppichboden gleicher Qualität für ein 11,5 m^2 großes Zimmer?

9 2,5 l Speiseöl kosten 5 €. Berechne den Preis für 4 l Speiseöl!

10 36 Glühbirnen haben eine elektrische Leistung von 2 160 W (Watt).

a) Wie viele Glühbirnen ergeben eine Leistung von 3 000 W?

b) Welche Leistung ergibt sich beim Einsatz von 48 solcher Glühbirnen?

Schlussrechnungen im indirekten Verhältnis

Stell dir vor: 2 Arbeiter brauchen für eine Arbeit 3 Tage, 1 Arbeiter braucht für dieselbe Arbeit 6 Tage. Die Anzahl der Arbeiter und die Arbeitszeit stehen in einem **indirekten Verhältnis,** sie sind indirekt proportional.
Als Schlussregel gilt: **je mehr … desto weniger** bzw. **je weniger … desto mehr**

Beispiel: Eine Güterwaggon wird von einem Arbeiter in 10 Stunden entladen. Wie lange brauchen 5 Arbeiter?

1. Verhältnis: Je mehr Arbeiter, desto weniger Zeit wird gebraucht = indirektes Verhältnis!
2. Tabelle:

	Anzahl der Arbeiter	Zeit in h	
· 5 ↓	1	10	↑ : 5
	5	x	

5 Arbeiter brauchen ein Fünftel der Zeit. In der Tabelle kennzeichnet man das durch entgegengesetzt gerichtete Pfeile und die entgegengesetzte Rechnungsart : 5.

3. Die Rechnung ist direkt aus der Tabelle ablesbar.

$x = 10 : 5$

$\mathbf{x = 2}$ 5 Arbeiter brauchen 2 Stunden.

In diesem Beispiel wurde von einer **Einheit auf** eine **Mehrheit** geschlossen.

Beispiel: Ein Schwimmbecken wird in 12 Stunden von 3 Zuflussrohren gefüllt. Wie lange dauert es, wenn nur ein Zuflussrohr aufgedreht ist?

1. Verhältnis: Je weniger Zuflussrohre, desto länger die Dauer = indirektes Verhältnis!
2. Tabelle:

	Anzahl der Rohre	Zeit in h	
: 3 ↓	3	12	↑ · 3
	1	x	

Mit einem Drittel der Rohre wird die dreifache Zeit benötigen. In der Tabelle kennzeichnet man das durch entgegengesetzt gerichtete Pfeile und die entgegengesetzte Rechnungsart : 3.

3. Die Rechnung ist direkt aus der Tabelle ablesbar.

$x = 12 \cdot 3$

$\mathbf{x = 36}$ Die Füllung dauert 36 Stunden.

In diesem Beispiel wurde von einer **Mehrheit auf** eine **Einheit** geschlossen.

Beispiel: Ein Haus wird gebaut. Um den Aushub aus der Baugrube wegzuschaffen, brauchen 4 LKW 12 Tage. Wie lange würden 6 LKW für diese Arbeit brauchen?

1. Bestimme das Verhältnis: Je mehr LKW, desto kürzer die Dauer = indirektes Verhältnis!
2. Tabelle:

	Anzahl der LKW	Zeit in Tagen	
: 4 ↓	4	12	↑ · 4
	6	x	
· 6 ↓	1	$12 \cdot 4$	↑ : 6
	6	$x = \frac{12 \cdot 4}{6}$	

Man kann nicht direkt von 4 auf 6 schließen. Berechne zunächst wie lange ein LKW braucht, und dann wie lange 6 LKW brauchen.

3. Die Rechnung ist direkt aus der Tabelle ablesbar.

$\mathbf{x} = \frac{12 \cdot 4}{6} = \mathbf{8}$ 6 LKW brauchen 8 Tage.

Hier wurde von einer **Mehrheit** über eine Einheit **auf** eine andere **Mehrheit** geschlossen.

Schlussrechnungen im indirekten Verhältnis

1 Der Futtervorrat für ein Pferd reicht 24 Tage.
Wie lange kämen 8 Pferde mit dem Futtervorrat aus?

2 Ein Schlauch füllt ein Schwimmbecken in 22 h.
In welcher Zeit könnte das Becken mit 5 Schläuchen gefüllt werden?

3 Für einen Firmenumzug müssen 7 LKW 5-mal fahren.
Wie oft müsste 1 LKW fahren, um den Umzug zu bewerkstelligen?

4 Auf einer Berghütte reicht der Lebensmittelvorrat für 10 Personen 9 Tage.

a) Wie lange kämen 6 Personen aus?

b) Wie viele Personen könnten mit dem Vorrat 30 Tage auskommen?

5 Familie Huber (Mutter, Vater und 3 Kinder) hat für einen 14-tägigen Urlaubsaufenthalt gespart. Wie lange könnten Herr und Frau Huber ohne ihre Kinder mit dem Geld Urlaub machen?

6 Ein Arbeiter braucht zum Ausheben einer Grube 8 h.
Wie lange würden 4 Arbeiter dafür brauchen?

7 12 kg Kaffee werden in Säckchen zu a) 1 kg, b) 2 kg, c) 3 kg, d) 0,5 kg abgepackt.
Wie viele Päckchen benötigt man jeweils? (Rechne im Kopf!)

8 Von einer Schnur kann man 45 Stück zu je 60 cm Länge abschneiden.
Wie viel Stück zu 75 cm Länge könnte man abschneiden?

9 Der Stiegenaufgang einer Schule hat 9 Stufen mit je 16 cm Höhe. Wie viele Stufen hätten gebaut werden müssen, wenn eine Stufenhöhe von 18 cm erwünscht gewesen wäre?

10 Der Wasservorrat für drei Wüstenwanderer reicht für 27 Tage.
Wie lange käme ein Wanderer mit dem Vorrat aus?

Vermischte Aufgaben

1 Ein Heft mit 60 Blatt ist 4,5 mm dick. Wie dick ist ein Heft mit 40 Blatt?

2 Bei einer mittleren Geschwindigkeit von 80 km/h benötigt man für eine bestimmte Strecke 2,5 h. Wie lange würde man für die gleiche Strecke bei einer Geschwindigkeit von 100 km/h brauchen?

3 Ein Motorradfahrer benötigt für die Strecke Wien – Mariazell (= 81 km) 1 h und 30 min. Berechne seine mittlere Geschwindigkeit!

4 Ein Liter Benzin kostet 0,98 €. Berechne den Preis für 45 l Benzin!

5 Bei einem Kinofilm laufen 24 Bilder pro Sekunde ab. Wie viele Bilder laufen bei einem Kurzfilm mit 20 Minuten Dauer ab?

6 Nach einem starken Schneefall sind 3 Schneepflüge 15 h im Einsatz, um eine Straße freizulegen. In welcher Zeit könnten 5 Schneepflüge diese Arbeit erledigen?

7 Der Arlbergtunnel ist 14 km lang. Wie lange dauert die Durchfahrt bei einer mittleren Geschwindigkeit von 60 km/h?

8 Ein Bauer erhält von 21 Milchkühen täglich 231 l Milch.

a) Wie viel l Milch würde er von 25 Kühen erhalten?

b) Wie viele Kühe müsste er halten, um täglich eine Menge von 363 l Milch zu bekommen?

9 Auf einem Großparkplatz können in 62 Reihen 1 240 PKW parken. Wie viele PKW befinden sich in einer Reihe?

10 Frau Klein fährt mit dem Auto eine Strecke von 235 km in 2,5 h.

a) Welche Strecke könnte sie bei gleicher Geschwindigkeit in 1,5 h zurücklegen?

b) Wie lange würde sie bei gleicher Geschwindigkeit für eine Strecke von 376 km benötigen?

Prozentrechnungen

Prozente sind eine Form der Brüche, die im Alltag häufig vorkommt. Der Ausdruck stammt vom lateinischen Begriff **„pro centum“** (= von Hundert) und bedeutet, dass es sich um **Bruchteile von Hundert,** also um Hundertstel handelt.

1 % (1 Prozent) eines Ganzen ist $\frac{1}{100}$ (ein Hundertstel) des Ganzen.

In der Prozentrechnung verwendet man die **Vergleichszahl 100.**

Beispiel: In der 2a haben von 20 Kindern 6 einen MP3-Player.
In der 2b haben von 25 Kindern 8 einen MP3-Player.
In welcher Klasse gibt es, auf die Schülerzahl bezogen, mehr MP3-Player?

2a: 6 von 20, d. h., $\frac{6}{20}$ haben einen MP3-Player

2b: 8 von 25, d. h., $\frac{8}{25}$ haben einen MP3-Player

Um die Brüche besser vergleichen zu können, bring sie auf den gemeinsamen Nenner 100.

2a: $\frac{6}{20} = \frac{30}{100}$ 2b: $\frac{8}{25} = \frac{32}{100}$ $\frac{30}{100} < \frac{32}{100}$

Da $1\,\% = \frac{1}{100}$ gilt, schreibt man auch: 2a: $\frac{30}{100} = 30\,\%$ 2b: $\frac{32}{100} = 32\,\%$

Der Anteil der Schüler mit einem MP3-Player ist in der 2b größer.

Man verwendet folgende Begriffe:

Von 20 Kindern haben 6 Kinder einen MP3-Player, das sind 30 % der Kinder.

20 Kindern → **Grundwert G**; 6 Kinder → **Prozentanteil A**; 30 % → **Prozentsatz p %**

Grundwert: **G … Gesamtheit** (= Ganzes, entspricht 100 %)
Prozentanteil: **A … Anteil** (= Anzahl) am Ganzen
Prozentsatz: **p …** gibt an, wie viel Prozent vom Grundwert der Prozentanteil ausmacht

Grafische Darstellung von Prozentsätzen

als Prozentstreifen

z. B. 65 %
Nimm ein 100 mm langes Rechteck.
1 mm entspricht 1 %
65 % … 65 mm

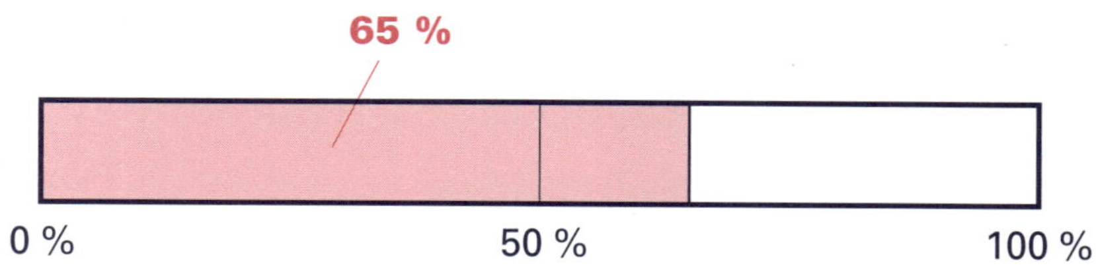

als Prozentkreis

z. B. 30 % und 45 %
Kreis 360° entspricht 100 %
1 % … 3,6°
30 % … 108°
45 % … 162°

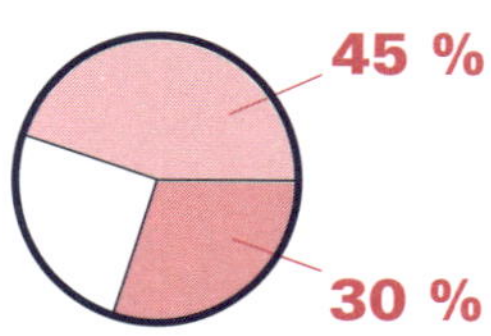

Berechnung des Prozentanteils

Beispiel: Ein PC kostet 520 €. Der Händler gewährt einen Preisnachlass von 5 %.
Wie viel Euro beträgt der Preisnachlass?

G = 520 € G … Grundwert
p = 5 % p … Prozentsatz
A = gesuchter Preisnachlass in €
Der Preisnachlass beträgt 5 % von 520 €.

$A = \frac{5}{100}$ von 520 $A = \boxed{520} \cdot \boxed{\frac{5}{100}} = 520 \cdot 0{,}05 = 26$ (520 → G, $\frac{5}{100}$ → $\frac{p}{100}$) Der Preisnachlass beträgt 26 €.

Berechnung des Prozentanteils: $\mathbf{A = G \cdot \frac{p}{100}}$

Berechnung des Grundwerts

Beispiel: 32 % einer Grundbesitzes sind Wald, das sind 8 ha.
Wie viele ha hat der Grund insgesamt?

G = ?
A = 8 ha
p = 32 %
Forme die Formel $A = G \cdot \frac{p}{100}$ um und berechne G

$A = G \cdot \frac{p}{100} \quad | \cdot 100$
$100 \cdot A = G \cdot p \quad | : p$
$G = \frac{100 \cdot A}{p}$

$G = \frac{100 \cdot 8}{32} = 25$
Der Grund hat insgesamt 25 ha.

Berechnung des Grundwerts: $\mathbf{G = \frac{100 \cdot A}{p}}$

Berechnung des Prozentsatzes

Beispiel: Herr Meier bekommt eine Gehaltserhöhung, sodass er statt 1 450 € in Zukunft 1 522,50 € erhält. Wie viel Prozent Gehaltserhöhung bekommt Herr Meier?

G = 1 450 Es ist die Erhöhung in Prozent des ursprünglichen Gehalts gefragt, daher ist dieses gleich dem Grundwert (100 %).
A = 1 522,50 Das neue Gehalt ist nach der Erhöhung sicher größer als das ursprüngliche Gehalt, daher muss p auch größer als 100 % sein.
p = ?
Forme die Formel $A = G \cdot \frac{p}{100}$ um und berechne p

$A = G \cdot \frac{p}{100} \quad | \cdot 100$
$100 \cdot A = G \cdot p \quad | : G$
$p = \frac{100 \cdot A}{G}$

$p = \frac{100 \cdot 1\,522{,}50}{1\,450} = 105\,\%$
Herr Meier hat eine Gehaltserhöhung um 5 % bekommen.

Berechnung des Prozentsatzes: $\mathbf{p = \frac{100 \cdot A}{G}}$

Prozentrechnungen

1

Schreib in %!

a) 1 = b) $\frac{1}{2}$ = c) $\frac{1}{4}$ = d) $\frac{3}{4}$ = e) $\frac{1}{10}$ =

f) $\frac{3}{5}$ = g) $\frac{1}{100}$ = h) 2 = i) $\frac{1}{5}$ = j) $\frac{1}{20}$ =

2

Berechne!

a) 10 % von 200 € = b) 50 % von 180 l = c) 25 % von 400 kg =

d) 10 % von 520 m = e) 75 % von 800 t = f) 50 % von 30 ha =

g) 50 % von 3 km = h) 10 % von 1 t = i) 1 % von 2,5 m =

j) 20 % von 600 m = k) 60 % von 800 € = l) 30 % von 50 kg =

m) 30 % von 90 m = n) 60 % von 750 l = o) 5 % von 120 € =

3

Wie viel % sind …?

a) 20 € von 40 € = b) 10 km von 100 km = c) 30 € von 3 000 € =

d) 3 m von 12 m = e) 6 kg von 24 kg = f) 6 kg von 8 kg =

g) 50 cm von 1 m = h) 250 kg von 1 t = i) 75 dag von 1 kg =

j) 30 cm von 1,2 m = k) 20 dag von 2 kg = l) 500 m von 1 km =

m) 9 l von 18 l = n) 40 € von 100 € = o) 40 € von 200 € =

p) 10 m von 200 m = q) 15 € von 150 € = r) 5 g von 1 kg =

4

Berechne den Grundwert!

a) 10 % sind 3 €
100 % …

b) 25 % sind 80 l
100 % …

c) 50 % sind 11 kg
100 % …

d) 75 % sind 600 €
100 % …

e) 1 % sind 40 km
100 % …

f) 25 % sind 1,5 t
100 % …

Textaufgaben

1 Für eine Stereoanlage um 700 € werden 20 % angezahlt.

a) Wie viel Euro müssen angezahlt werden?

b) Wie viel Euro müssen noch bezahlt werden?

---

2 Ein Bauer hat einen Grundbesitz mit 56 ha Größe.
Davon sind 18 % Wald, 54 % Felder und der Rest Wiesen.

a) Berechne, wie viel ha Wald, Felder und Wiesen der Bauer hat!

b) Zeichne einen Prozentstreifen!

---

3 Ein Geschäft erhöht die Preise: Ein Mantel um 240 € wird um 15 % verteuert.
Berechne den neuen Preis!

---

4 Von 8 600 kg Äpfel waren nach der Ernte 17,5 % verfault.
Wie viel kg Äpfel mussten weggeworfen werden?

---

5 Bei einer Befragung unter 2 000 Schülern wählten 61 % Musik, 12 % Mathematik, 14 % Geometrisches Zeichnen und der Rest Physik als Lieblingsfach.

a) Berechne, um wie viele Schüler es sich jeweils handelt!

b) Zeichne einen Prozentstreifen!

---

6 Ein Kleinwagen kostet 14 900 €. Dazu kommen 20 % Mehrwertsteuer.
Berechne den Bruttopreis!

---

7 Peter hat von seinen 45 € Taschengeld 73 % auf ein Sparbuch gelegt.
Wie viel Euro sind das?

---

8 Max hat auf der Bank 280 € gespart und bekommt dafür nach einem Jahr 3,5 % Zinsen.

a) Berechne die Zinsen!

b) Wie viel Geld kann er nach einem Jahr abheben?

---

9 In einer Firma mit 240 Angestellten sind 35 % Frauen beschäftigt.

a) Wie viele Frauen sind in der Firma beschäftigt?

b) Wie viele Männer sind in der Firma beschäftigt?

---

10 In einer Stadt mit 74 500 Einwohnern leben 36 % Männer und 33 % Frauen; der Rest sind Kinder.

a) Berechne, wie viele Männer, Frauen und Kinder in dieser Stadt leben!

b) Zeichne einen Prozentstreifen!

Berechnung des Grundwerts

1

a)

50 %	100 %
16 €	
350 m	
900 kg	
2,5 ha	
16,3 kg	

b)

25 %	100 %
14 m	
250 €	
26 kg	
0,5 t	
22 l	

c)

10 %	100 %
380 €	
0,2 km	
39 kg	
0,24 km	
1,5 m	

d)

1 %	100 %
16 €	
0,9 m	
200 €	
3,6 hl	
2 ha	

e)

5 %	100 %
6 km	
50 €	
1,5 kg	
0,2 t	
80 km	

f)

75 %	100 %
60 €	
93 m	
1,5 kg	
1 200 €	
0,3 m	

2 Für ein Fahrrad müssen 54 € angezahlt werden. Das sind 15 % des Gesamtpreises. Wie teuer ist das Fahrrad?

3 Werner legt monatlich 5 € auf ein Sparbuch. Das sind 20 % seines Taschengeldes. Wie viel Taschengeld bekommt er monatlich?

4 Ein PKW wurde um 8 % (= 984 €) teurer. Wie viel Euro kostete der Wagen bisher?

5 Ein Fernsehgerät wurde um 15 % teurer und kostet nun 690 €. Berechne den alten Preis!

Berechnung des Prozentsatzes

1 Von 300 Menschen sind 74 Brillenträger. Wie viel % sind das?

2 In der 4a sind 20 Kinder; davon sind 5 sehr gut in Mathematik.
In der 4b sind 24 Kinder; davon sind 7 sehr gut in Mathematik.
In der 4c sind 30 Kinder; davon sind 6 sehr gut in Mathematik.
Welche Klasse ist die beste in Mathematik?

3 Für ein 280 € teures Fahrrad müssen 42 € angezahlt werden.
Wie viel % sind das?

4 Herr Meier verdient monatlich 1 680 €. Davon legt er immer 336 € auf ein Sparbuch.
Wie viel % seines Einkommens spart er monatlich?

5 Die ursprüngliche Fahrtzeit eines Schnellzuges von 2,5 h hat sich um 30 min verkürzt.
Wie viel % beträgt die Zeitersparnis?

6 Peter hat 680 € gespart und erhält am Jahresende von der Bank 23,80 € an Zinsen.
Welchen Zinssatz (in %) hat er bekommen?

7 Ein Bauer hat in einem Jahr insgesamt 3,6 t geerntet.
Davon waren 720 kg Mais, 900 kg Kartoffeln und der Rest Obst.

a) Berechne die einzelnen Prozentsätze!

b) Zeichne einen Prozentstreifen!

8 Beim Ausverkauf werden die Preise für Anzüge von 389 € auf 272,30 € gesenkt.
Wie viel % beträgt die Preissenkung?

9 In einem Dorf leben 2 420 Menschen. Davon sind 960 Männer, 780 Frauen und der Rest Kinder.

a) Berechne die einzelnen Prozentsätze!

b) Zeichne einen Prozentstreifen!

10 Bei einer Wahl wurden 364 000 Stimmen abgegeben. Davon entfielen 120 000 Stimmen auf Kandidat A, 160 000 auf Kandidat B und der Rest auf Kandidat C.

a) Berechne die einzelnen Prozentsätze!

b) Zeichne einen Prozentstreifen!

Geometrie

Rechteck und Quadrat

Rechteck

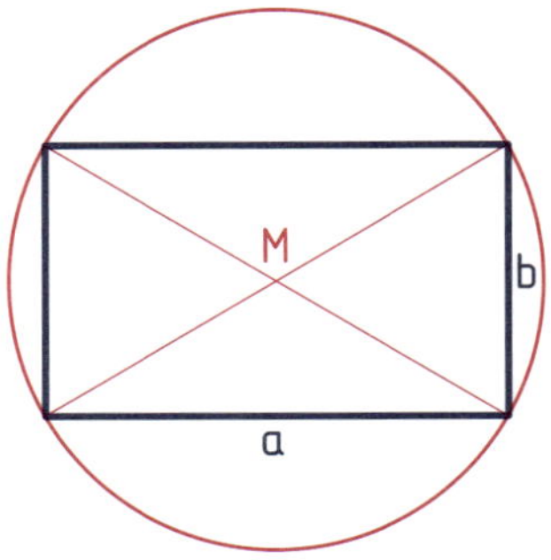

$u = a \cdot 2 + b \cdot 2 = (a + b) \cdot 2$

$A = a \cdot b$

Der Schnittpunkt der beiden Diagonalen ist der Mittelpunkt des Umkreises.

Beispiel:
Ein Zimmer ist 5,6 m lang und 4,2 m breit.
a) Stelle das Zimmer im Maßstab 1 : 100 dar.
b) Berechne den Flächeninhalt des Zimmers.

a) Der Plan des Zimmers ist ein Rechteck mit 5,6 cm Länge und 4,2 cm Breite.

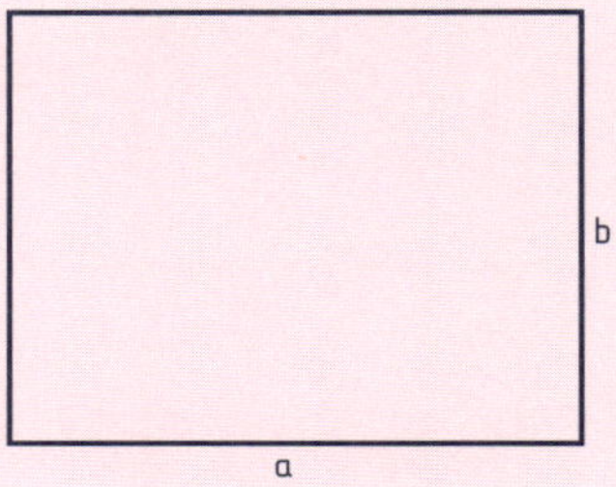

b) Flächeninhalt: $A = a \cdot b$
$A = 5{,}6 \cdot 4{,}2$
$A = 23{,}52\ m^2$

Beispiel:
Von einem rechteckigen Grundstück kennt man den Flächeninhalt $A = 890{,}6\ m^2$ und die Seitenlänge $a = 36{,}5$ m. Berechne die fehlende Seite und den Umfang.

$A = a \cdot b$
$a \cdot b = A \quad |: a$
$b = A : a$

$b = A : a$
$b = 890{,}6 : 36{,}5$
$b = 24{,}4$ m

$u = (a + b) \cdot 2$
$u = (36{,}5 + 24{,}4) \cdot 2$
$u = 60{,}9 \cdot 2$
$u = 121{,}8$ m

Die Breite des Grundstücks beträgt 24,4 m, die Umfangslänge ist 121,8 m.

Quadrat

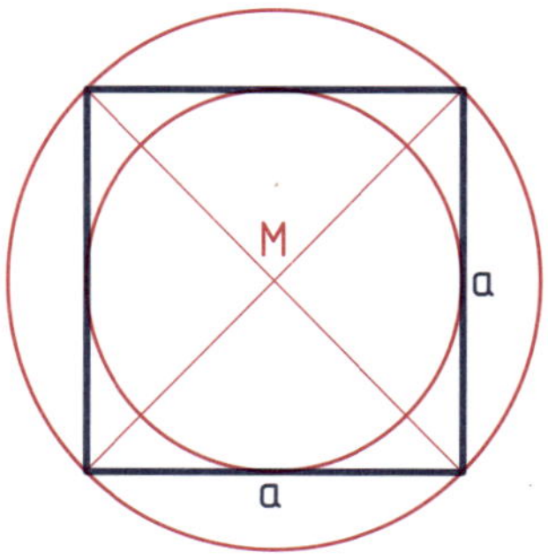

$u = a \cdot 4 = 4 \cdot a$

$A = a \cdot a$

Der Schnittpunkt der beiden Diagonalen ist der Mittelpunkt des Inkreises und des Umkreises.

Umfang, Flächeninhalt und Konstruktion von Rechteck und Quadrat – Umkehraufgaben

1 Rechteck
Gegeben: l = 4,8 cm
b = 2,7 cm
Gesucht: u, A, Konstruktion

2 Quadrat
Gegeben: s = 3,2 cm
Gesucht: u, A, Konstruktion

3 Rechteck
Gegeben: l = 6,2 cm
b = 1,9 cm
Gesucht: u, A, Konstruktion

4 Quadrat
Gegeben: u = 10,8 cm
Gesucht: s, A, Konstruktion

5 Rechteck
Gegeben: A = 12,48 cm^2
l = 5,2 cm
Gesucht: b, u, Konstruktion

6 Rechteck
Gegeben: u = 16,8 cm
b = 2,3 cm
Gesucht: l, A, Konstruktion

Textaufgaben

1 Wie viel m Zaun benötigt man zur Einfriedung eines quadratischen Grundstückes mit 28 m Seitenlänge?

2 Ein Tischler braucht für ein Regal fünf Fächer mit einer Länge von 1,50 m und einer Breite von 45 cm. Wie viel m^2 Holz benötigt er mindestens?

3 Eine Tischdecke mit 125 cm Länge und 89 cm Breite soll mit einer Borte eingefasst werden. Wie viel m Borte sind mindestens erforderlich?

4 Wie viel m^2 misst ein quadratisches Grundstück mit 68 m Seitenlänge?

5 Wie teuer kommt der Zaun für ein Grundstück mit 42 m Länge und 27 m Breite, wenn 1 m Zaun 27,50 € kostet?

6 Für einen quadratischen Bilderrahmen werden 18 dm Holz benötigt. Wie viel cm misst eine Seitenlänge?

7 Wie viel m^2 Teppich braucht man für ein Zimmer mit 4,3 m Länge und 2,9 m Breite?

8 Wie viel kg Samen braucht ein Bauer für ein Feld mit 240 m Länge und 35 m Breite, wenn er für 1 ha 54 kg benötigt?

9 Ein 45 m langes Grundstück ist mit einem 150 m langen Zaun umgeben. Wie teuer ist das Grundstück, wenn 1 m^2 69 € kostet?

10 Ein 1 200 m^2 großes Grundstück ist 24 m breit. Eine Längsseite liegt an der Straße. Wie viel m Gehsteig müssen angelegt werden?

11 Wie viele Pflastersteine (10 × 10 cm) benötigt man zum Auslegen eines Innenhofes mit 25 m Länge und 14 m Breite?

12 Eine Vorzimmerwand mit 4,8 m Länge und 2,6 m Höhe soll neu tapeziert werden. Wie viele Tapetenrollen mit 10 m Länge und 53 cm Breite sind mindestens notwendig?

Das rechtwinklige Koordinatensystem

Das **rechtwinklige Koordinatensystem** besteht aus **zwei** aufeinander normal stehenden Zahlenstrahlen, die man als **Koordinatenachsen** bezeichnet.
Der **Schnittpunkt** dieser Achsen wird als **Ursprung** (Nullpunkt) des Koordinatensystems bezeichnet.

Jeder Punkt im Koordinatensystem ist **durch** die **x-Koordinate** (das ist der Abstand auf der x-Achse) **und** durch die **y-Koordinate** (das ist der Abstand auf der y-Achse) **eindeutig festgelegt**. Man schreibt: **P(x|y)**

Beispiel:

a) P (2|3)
x-Koordinate 2:
der Abstand auf der x-Achse ist 2
y-Koordinate 3:
der Abstand auf der y-Achse ist 3

b) Q (3|5)

c) R (5|2)

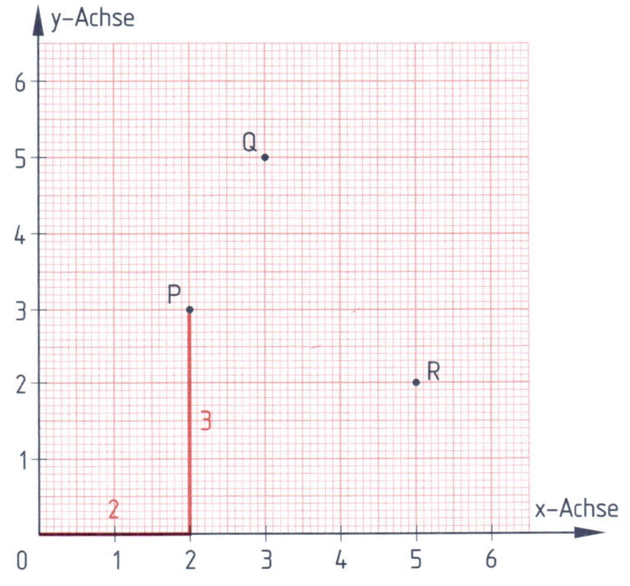

Manchmal wird das **Koordinatensystem auf Millimeterpapier** gezeichnet.
Damit kann man die Lage der Punkte besser ablesen bzw. einzeichnen.

Beispiel:

Trage in das Koordinatensystem den Streckenzug ABCDA [A (1|1), B (6|1), C (6|5), D (2|3), A] ein.

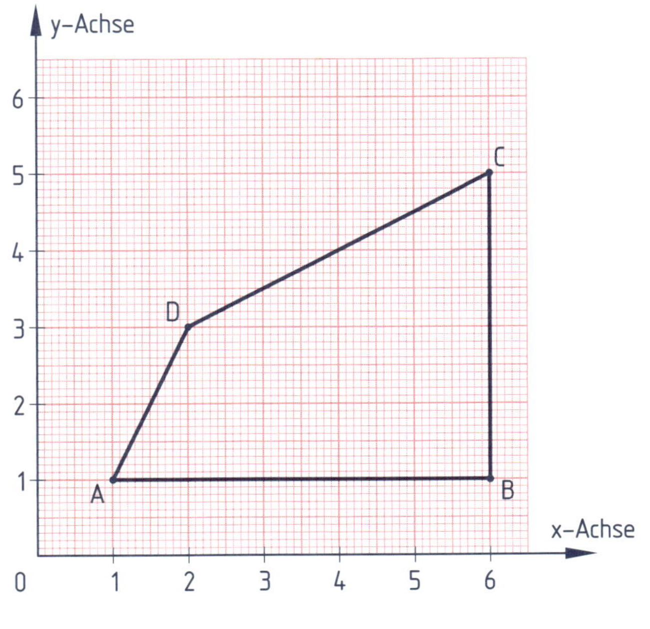

Das rechtwinklige Koordinatensystem

1

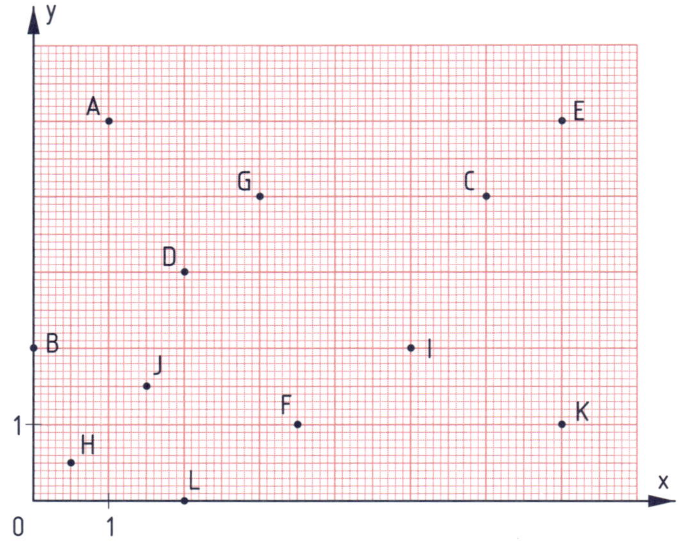

Gib die Koordinaten der eingezeichneten Punkte an!

A (|) B (|) C (|)

D (|) E (|) F (|)

G (|) H (|) I (|)

J (|) K (|) L (|)

2

Zeichne die folgenden Figuren mit verschiedenen Farben in das Koordinatensystem ein! Ergänze fehlende Koordinaten!

a) Rechteck:

A (1|0)
B (5|0)
C (5|3)
D (|)

b) Dreieck:

E (6|1)
F (2|6)
G (0|0)

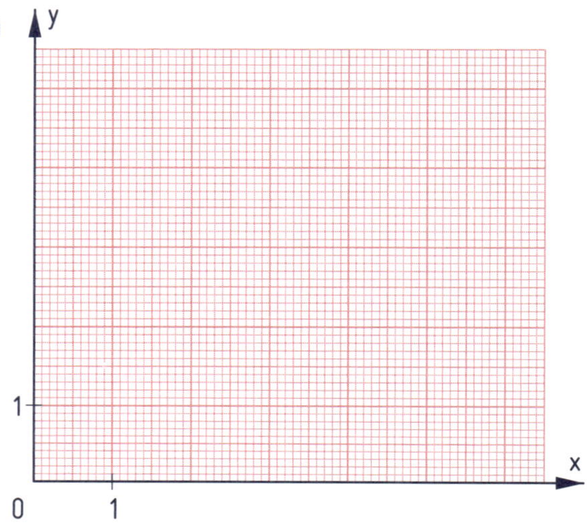

3

Zeichne das Quadrat ABCD und gib die Koordinaten des Mittelpunktes M an! Ergänze fehlende Koordinaten!

A (6|3) B (4|5) M (|)

C (|) D (|)

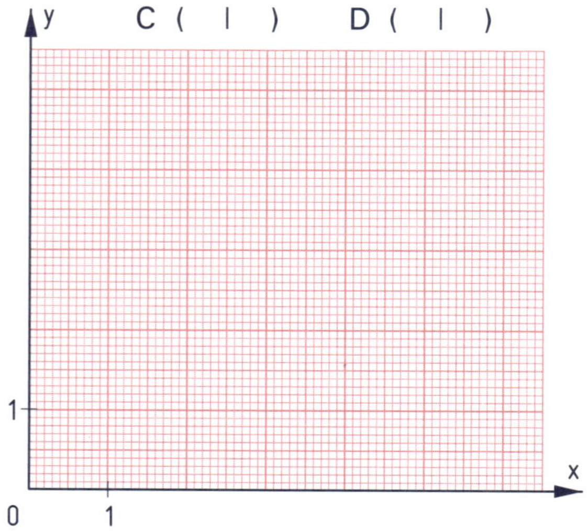

4

Zeichne den Streckenzug ABCDEFGHIJA!

A (0|5)
B (0|0)
C (1|0)
D (1|2)
E (2|2)
F (2|3)
G (1|3)
H (1|4)
I (3|4)
J (3|5)

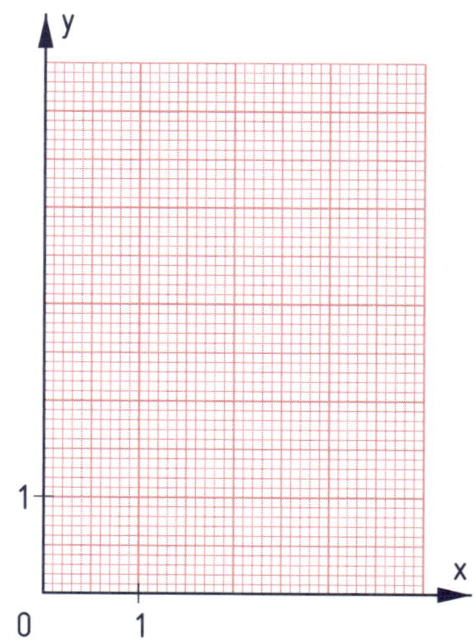

Symmetrie

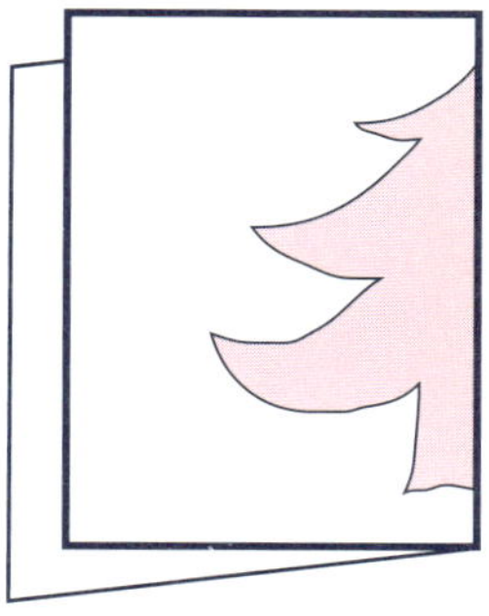

Nimm ein Blatt Papier und falte es einmal in der Mitte.
Schneide dann mit der Schere eine beliebige Figur aus.
Wenn du das Papier wieder entfaltest, ist eine symmetrische Figur entstanden. Diese hat entlang der Faltlinie eine so genannte Symmetrieachse.
Die Figur heißt daher **achsensymmetrisch.**

Die **Spiegelung an einer Geraden** ist **durch** die **Symmetrieachse** (Spiegelachse) **festgelegt. Symmetrisch liegende Punkte** liegen **auf einer zur Symmetrieachse normalen Geraden. Symmetrisch liegende Punkte** haben **von der Symmetrieachse denselben Normalabstand.**

Beispiel:
Spiegle die gegebene Figur, das Dreieck ABC, an der Achse a (= Symmetrieachse).

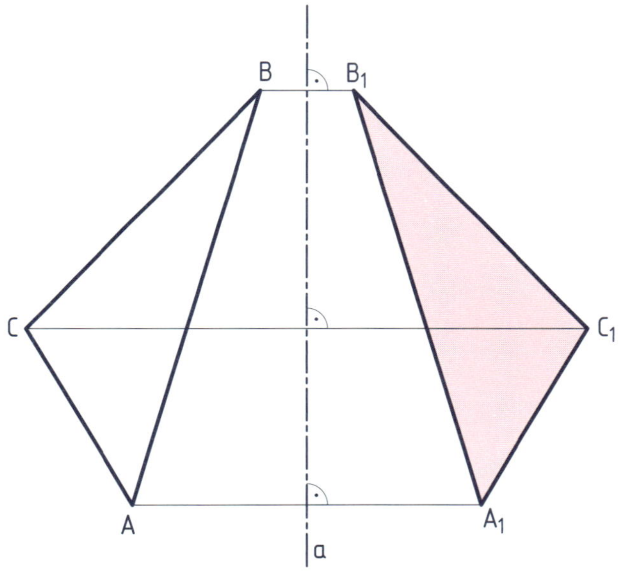

Zeichne durch die einzelnen Punkte jeweils eine Normale auf die Achse a. Übertrage mit dem Zirkel die Abstände der Punkte zur Achse a auf die andere Seite. So erhältst du die gespiegelten Punkte.
Verbinde die gespiegelten Punkte.
Es entsteht das Dreieck $A_1B_1C_1$.

Es gibt **geometrische Figuren,** die **mehr als eine Symmetrieachse** haben.

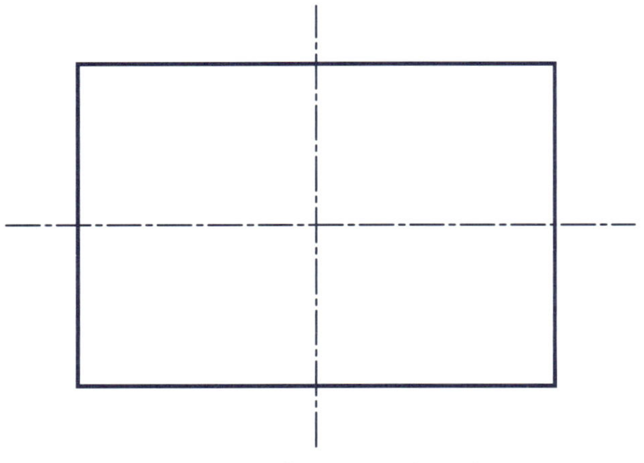

Ein **Rechteck** hat **2** Symmetrieachsen.

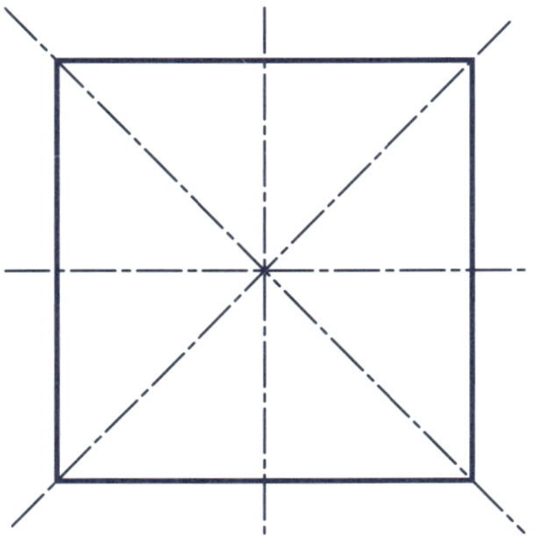

Ein **Quadrat** hat **4** Symmetrieachsen.

Symmetrie

1 Spiegle die gegebene Figur an der Achse a und gib die Koordinaten der gespiegelten Punkte an!

a)

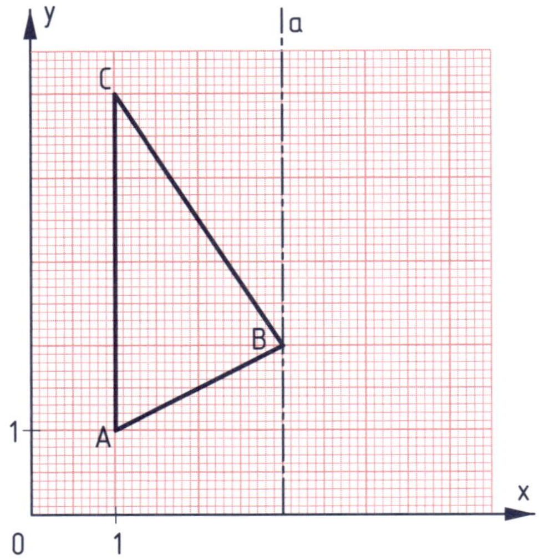

b)

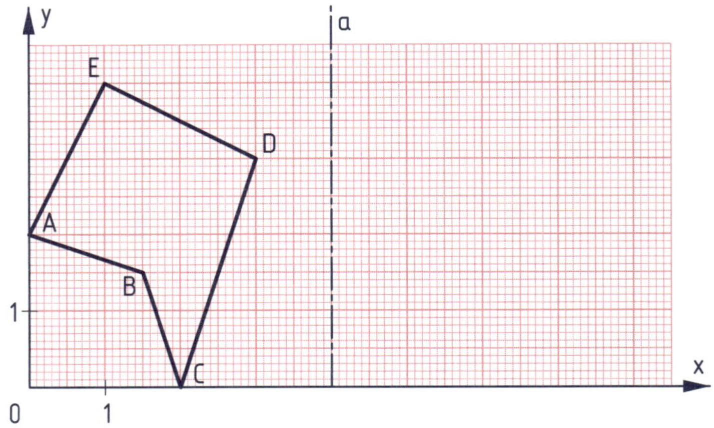

2 Zeichne in die gegebenen Figuren alle Symmetrieachsen ein!

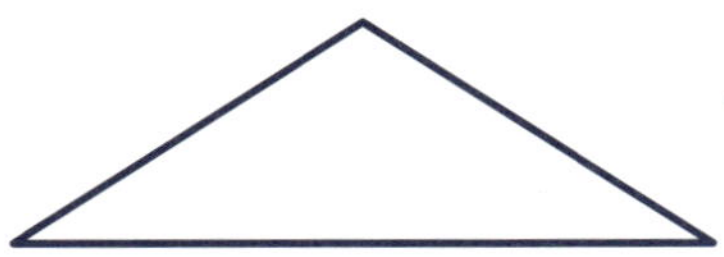
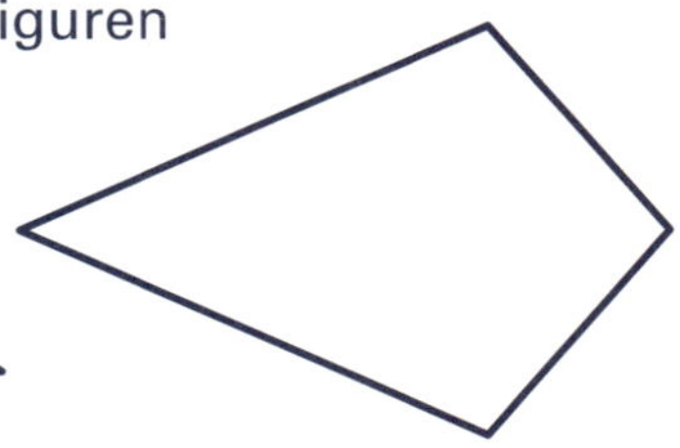

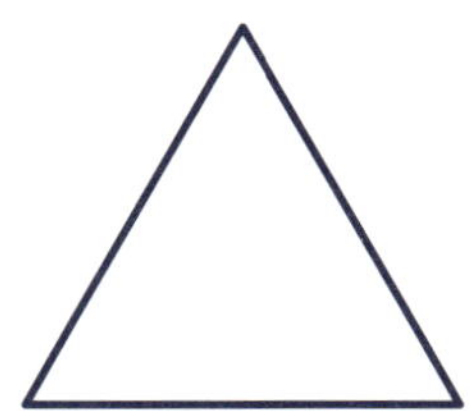

3 Zeichne und spiegle die gegebene Figur an der Achse a und gib die Koordinaten der gespiegelten Punkte an! (Ergänze die fehlenden Koordinaten!)

a) Dreieck: A (0|0) B (3|1) C (1|4)

b) Quadrat: A (3|3) B (1|4)

C (|) D (|)

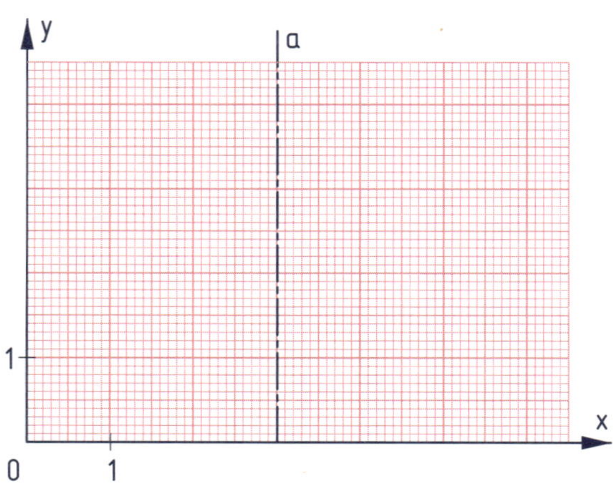

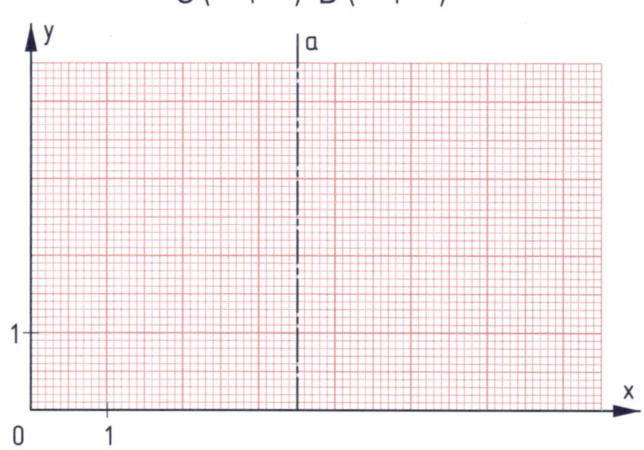

Winkel

Winkelarten – Winkelmessen

a, b Strahlen (Winkelschenkel)
S Winkelscheitel
Winkel werden mit griechischen Kleinbuchstaben bezeichnet α, β …

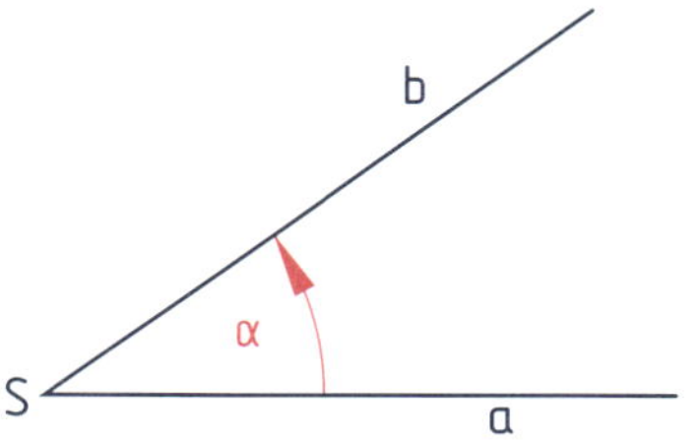

Ein Winkel entsteht durch die Drehung eines Strahls um den Winkelscheitel S.
Der **Winkel** ist das **Maß für die Drehung.**
Einheit der Winkelmessung: 1° (1 Grad) = $\frac{1}{90}$ des rechten Winkels

Winkelarten

Rechter Winkel

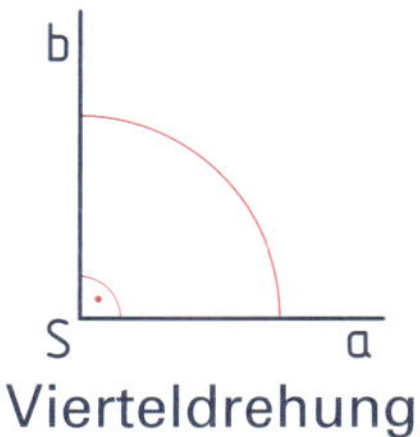

Vierteldrehung
Die beiden Schenkel stehen aufeinander normal.

Gestreckter Winkel

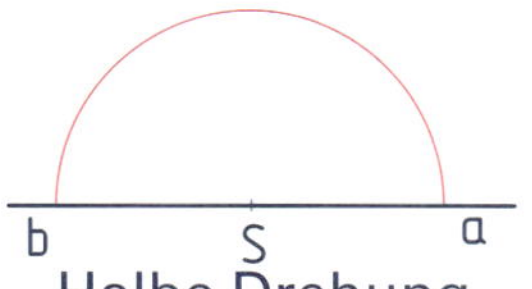

Halbe Drehung
Die beiden Schenkel liegen auf einer Geraden.

Voller Winkel

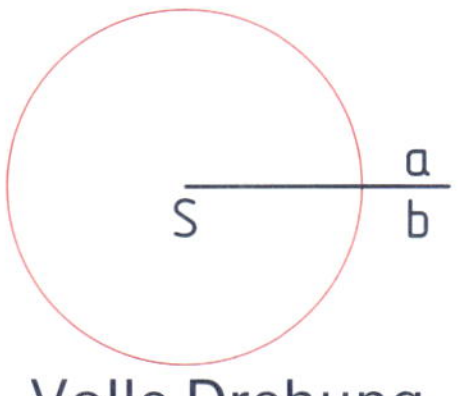

Volle Drehung
Die beiden Schenkel fallen zusammen.

Spitzer Winkel

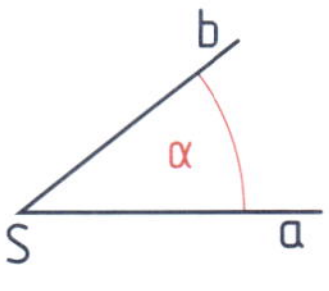

kleiner als ein rechter Winkel
$0° < \alpha < 90°$

Stumpfer Winkel

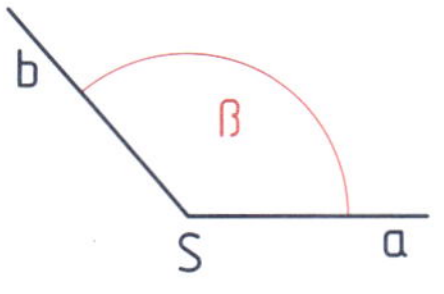

größer als ein rechter, kleiner als ein gestreckter Winkel
$90° < \beta < 180°$

Erhabender Winkel

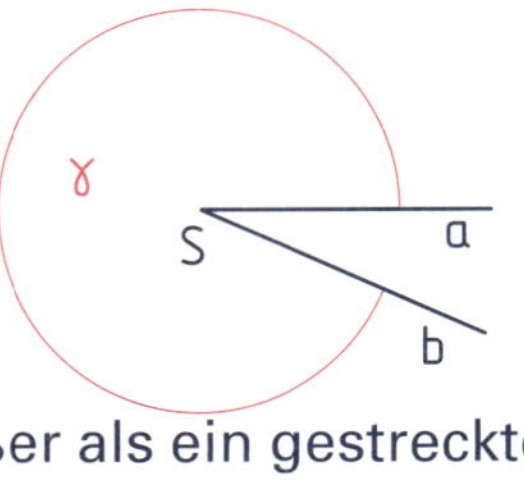

größer als ein gestreckter, kleiner als ein voller Winkel
$180° < \gamma < 360°$

Messen und Zeichnen von Winkeln (Verwende dazu dein Geodreieck!)

Messen von Winkeln

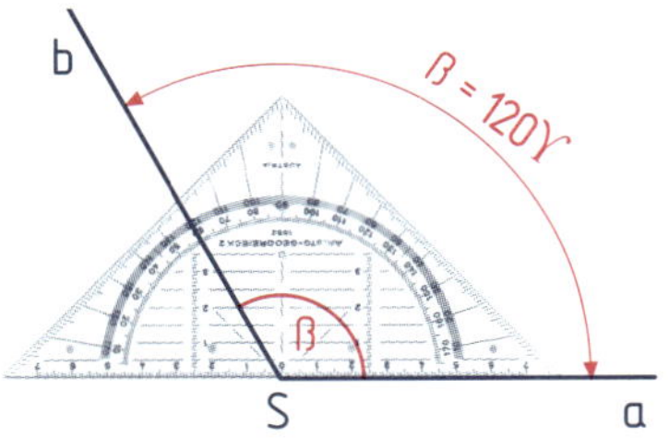

Zeichnen von Winkeln
z. B. $\gamma = 37°$

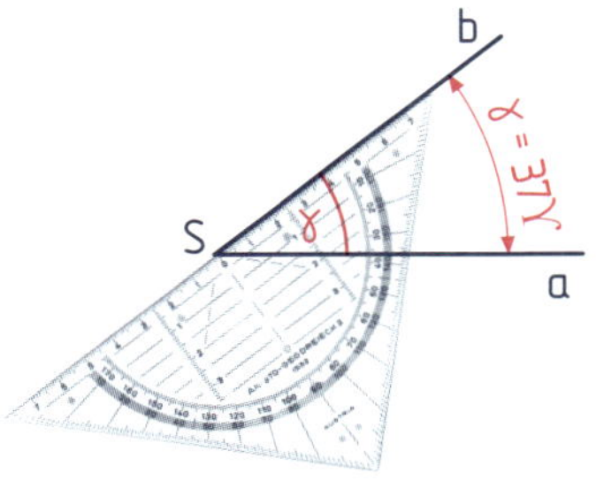

Messen von erhabenen Winkeln, $\beta = 180° + \alpha$

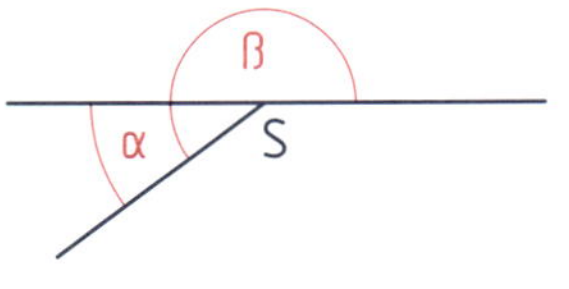

Winkelarten – Winkelmessen

Miss die Größe der Winkel und gib an, um welche Winkelart es sich handelt!

1
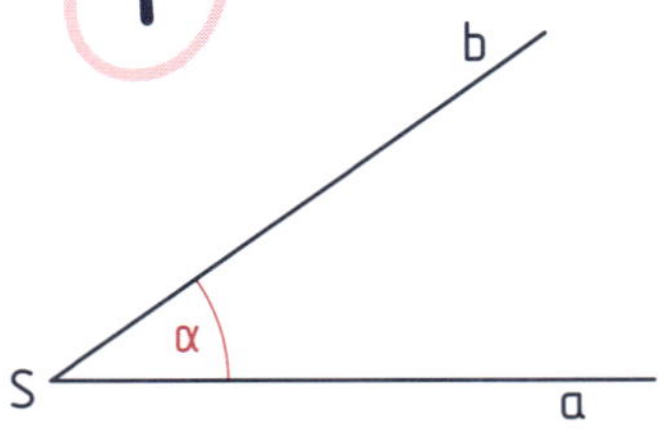

2
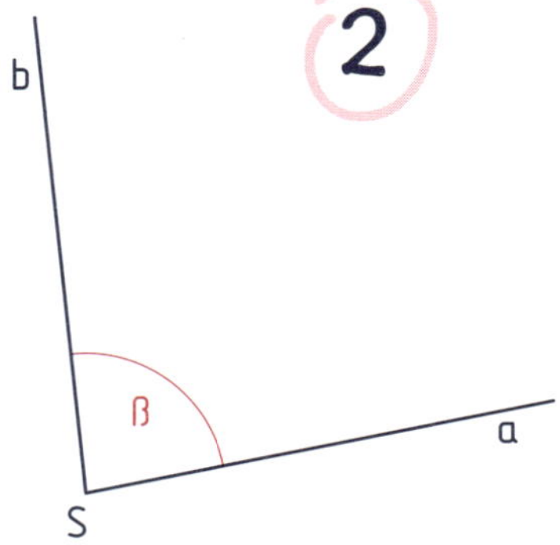

3
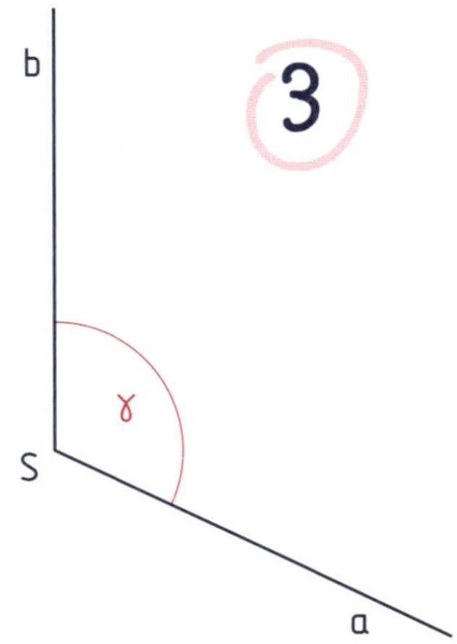

4
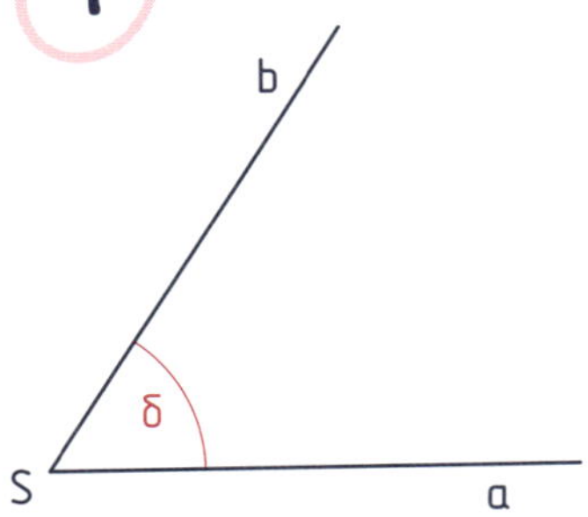

5
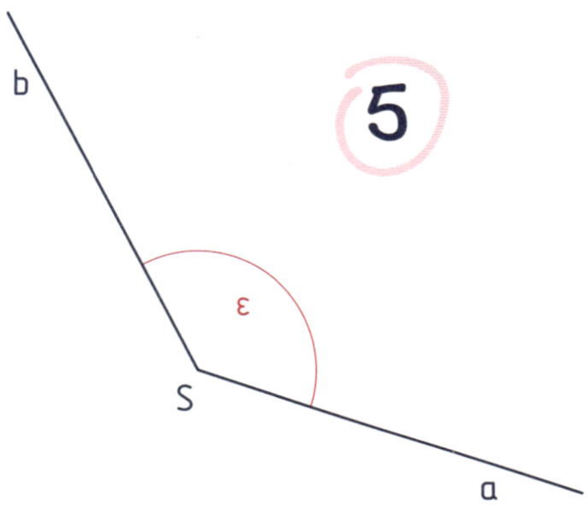

6
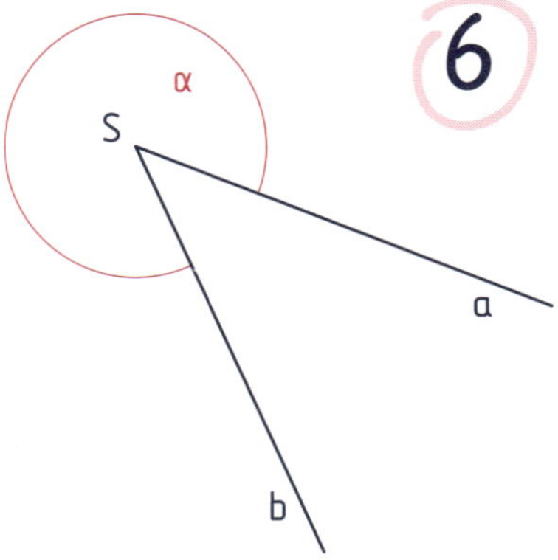

7
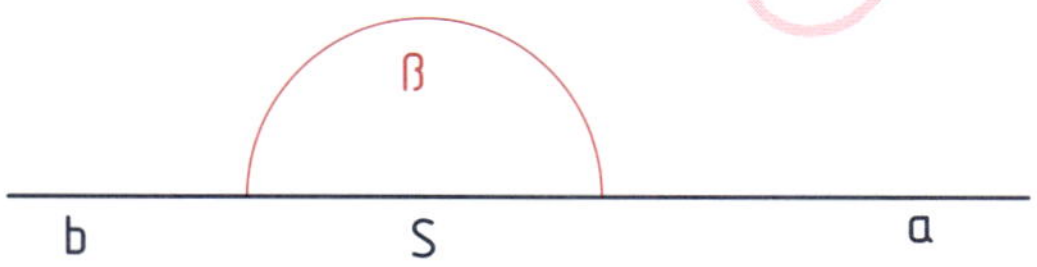

8
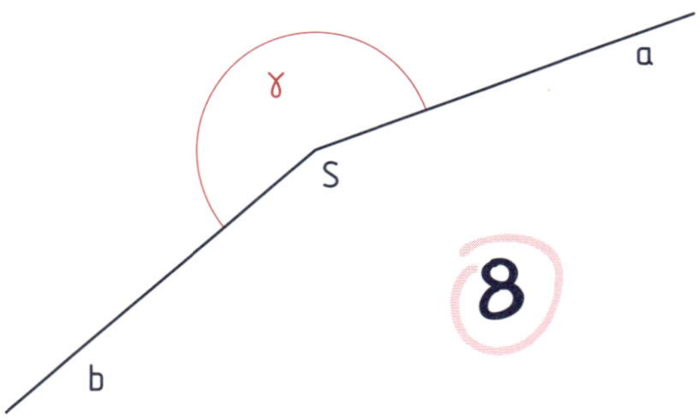

9
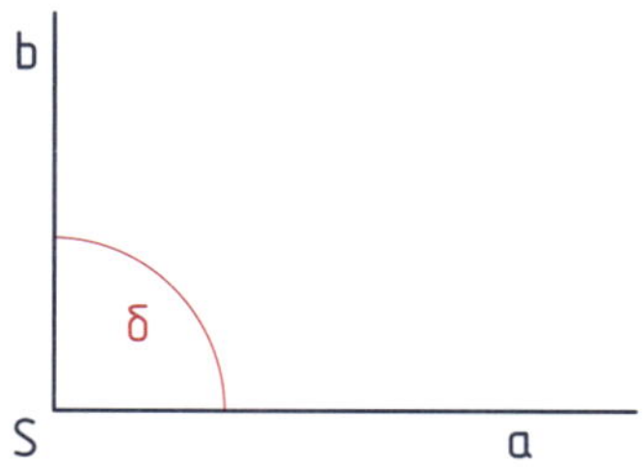

10
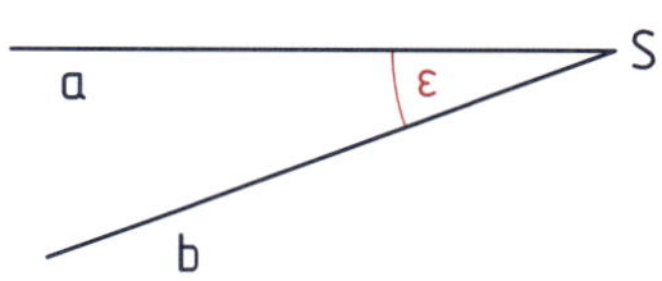

Winkelmaße

Einheit der Winkelmessung: **1°** (1 Grad) = $\frac{1}{90}$ des rechten Winkels

Ein Grad wird in 60 Minuten unterteilt: **1° = 60′**

Eine Minute ist der 60. Teil eines Grads: **1′ = $\frac{1}{60}$°**

Beispiel:

Verwandle jeweils in die andere Einheit!

a) $4° = 240'$ weil $4 \cdot 60 = 240$

b) $30' = 0{,}5° = \frac{1°}{2}$ weil $30 : 60 = 0{,}5$

c) $720' = 12°$ weil $720 : 60 = 12$

Verwandle in Minuten!

a) $2°\,35'$

$2° = 2 \cdot 60' = 120'$

$120' + 35' = 155'$

$2°\,35' = 155'$

b) $5°17'$

$5° = 5 \cdot 60' = 300'$

$300' + 17' = 317'$

$5°\,17' = 317'$

Gib in Dezimalgrad an!

a) $42' = \frac{42°}{60}$ Beachte: $1' = \frac{1}{60}°$

$\frac{42°}{60} = 0{,}7°$ da $42 : 60 = 0{,}7$

b) $36°\,24' = 36° + 24'$

$24' = \frac{24°}{60} = 0{,}4°$

$36°\,24' = 36{,}4°$

Rechnen mit Winkelmaßen

Beispiel:

a)
$$\begin{array}{r} 65°\,27' \\ +\ 28°\,13' \\ \hline 93°40' \end{array}$$

b)
$$\begin{array}{r} 35°\,48' \\ +\ 16°\,38' \\ \hline 51°\,86' \\ =52°\,26' \end{array}$$
$86' = 1°\,26'$

c)
$$\begin{array}{r} 67°\,24' \\ -\ 12°\,14' \\ \hline 55°\,10' \end{array}$$

d)
$$\begin{array}{r} 78°\,27' \\ -\ 25°\,46' \\ \hline \end{array} = \begin{array}{r} 77°\,87' \\ -\ 25°\,46' \\ \hline 52°\,41' \end{array}$$
Trick: Verwandle 1° in 60′!

e)
$$\begin{array}{r} 14°\,35' \cdot 3 \\ \hline 42°\,105' \\ =43°\,45' \end{array}$$
Multipliziere ° und ′ jeweils mit 3!

$14° \cdot 3 = 42$

$35' \cdot 3 = 105'$

Supplementäre – Komplementäre Winkel

Winkel, die einander auf 180° ergänzen, heißen **supplementär.** $\alpha + \beta = 180°$

Winkel, die einander auf 90° ergänzen, heißen **komplementär.** $\alpha + \beta = 90°$

Beispiel:

Gib den zum Winkel $\alpha = 67°$ **a)** supplementären, **b)** komplementären Winkel an!

a) $180° - 67° = 113°$

Der zu α supplementäre Winkel ist 113°.

b) $90° - 67° = 23°$

Der zu α komplementäre Winkel ist 23°.

Winkelmaße

1 **Verwandle jeweils in die andere Einheit!**

a) $12° =$ b) $240' =$ c) $2\frac{1}{2}° =$ d) $3\,000' =$

2 **Gib in Dezimalgrad an!**

a) $84°\ 30' =$

b) $45' =$

c) $32°\ 15' =$

d) $70°\ 36' =$

3 **Berechne!**

a) $125°\ 30' + 45°\ 40'$

b) $73°\ 35' - 12°\ 15'$

c) $245°\ 45' + 14°\ 15'$

d) $81°\ 17' - 25°\ 35'$

e) $15°\ 25' \cdot 2$

f) $43°\ 12' \cdot 5$

4 **Berechne jeweils den supplementären Winkel!**

a) $35°$

b) $77°\ 15'$

c) $150°$

d) $122°\ 45'$

Streckensymmetrale – Winkelsymmetrale

Streckensymmetrale

Alle Punkte, die von den beiden Eckpunkten A und B einer Strecke gleich weit entfernt sind, bilden die Streckensymmetrale s_{AB}.

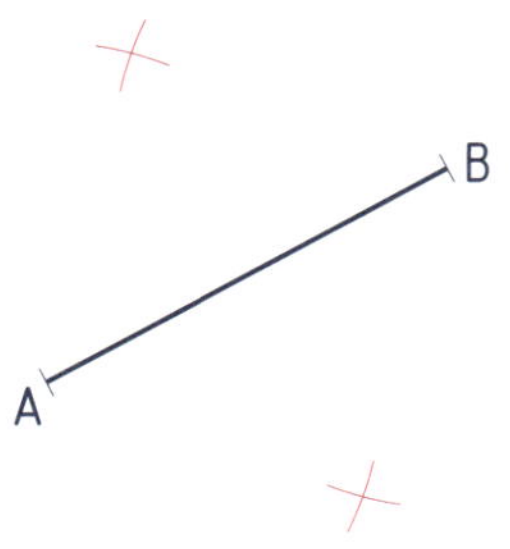

Konstruiere von A und B aus Kreisbögen mit gleichem Radius. Durch die beiden Schnittpunkte verläuft die Streckensymmetrale s_{AB}.
Beachte: s_{AB} steht normal auf AB.
Man schreibt: $s_{AB} \perp AB$

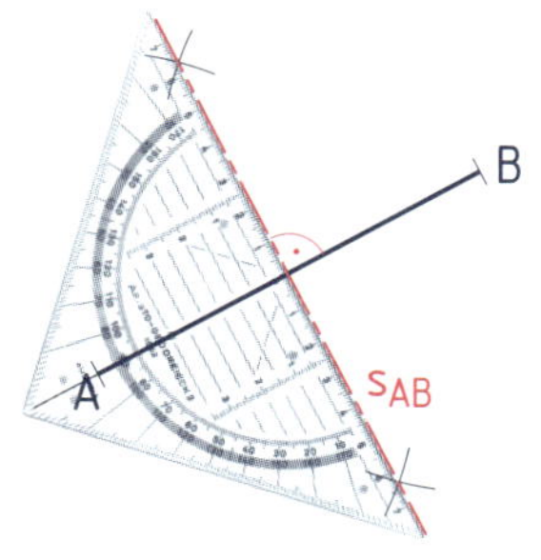

Winkelsymmetrale

Alle Punkte, die von den beiden Schenkel a und b des Winkels α den gleichen Normalabstand haben, bilden die Winkelsymmetrale w_α.

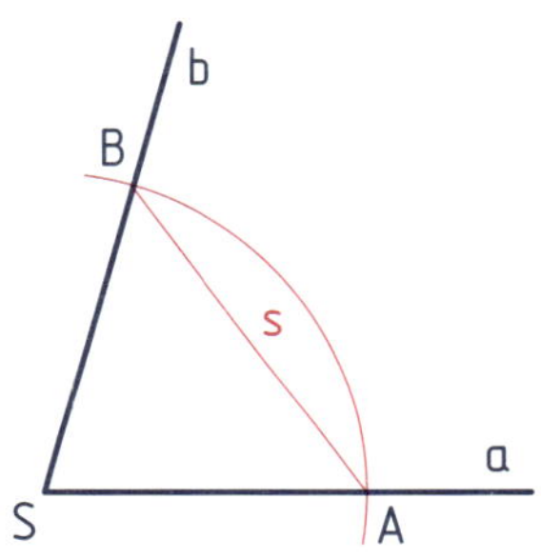

Konstruiere um den Scheitel S einen Kreisbogen.

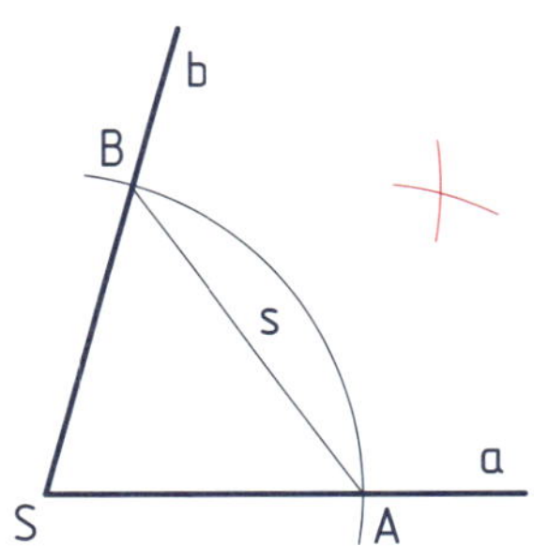

Du erhältst auf den beiden Schenkeln a und b die Punkte A und B der Kreissehne s.

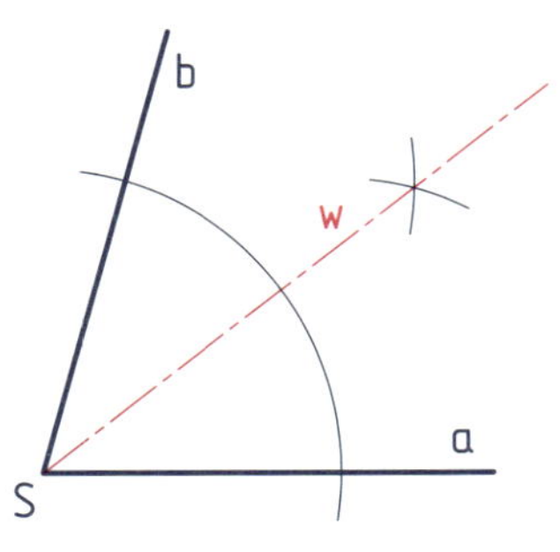

Konstruiere die Streckensymmetrale von s.
Diese Symmetrale ist auch die Winkelsymmetrale.

Jeder Punkt der **Streckensymmetrale** s_{AB} hat von den Endpunkten der Strecke AB denselben Abstand.
Jeder Punkt der **Winkelsymmetrale** hat von den beiden Schenkeln des Winkels denselben Normalabstand.

Streckensymmetrale – Winkelsymmetrale

1 Konstruiere jeweils die Streckensymmetrale!

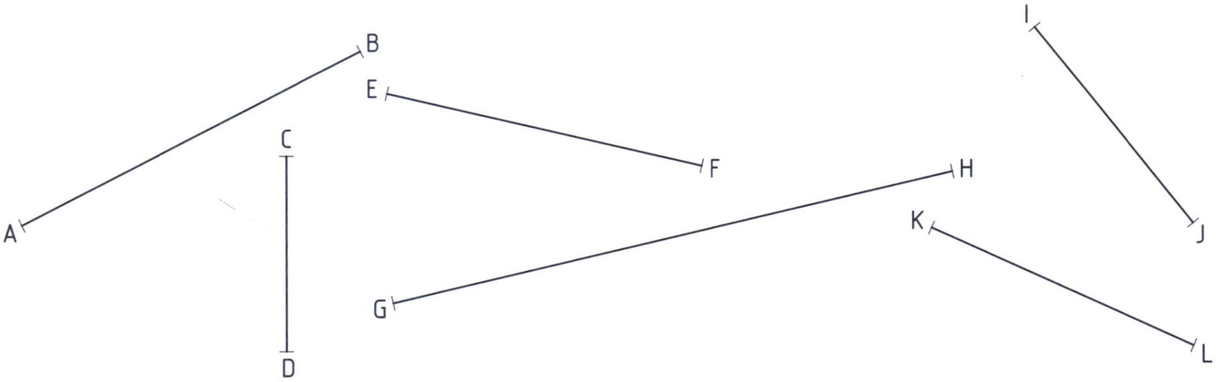

2 Zeichne folgende Strecken und konstruiere jeweils die Streckensymmetrale!

a) $\overline{AB} = 52$ mm **b)** $\overline{CD} = 1$ dm **c)** $\overline{EF} = 27$ mm **d)** $\overline{GH} = 4{,}8$ cm **e)** $\overline{IJ} = 60$ mm

3 Konstruiere jeweils die Winkelsymmetrale!

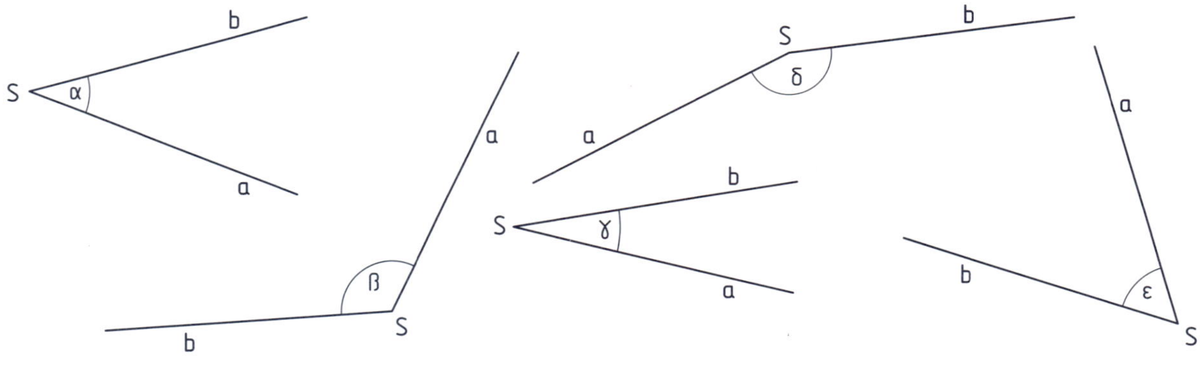

4 Zeichne die folgenden Winkel und konstruiere jeweils die Winkelsymmetrale!

a) $\alpha = 40°$ **b)** $\beta = 140°$ **c)** $\gamma = 24°$ **d)** $\delta = 92°$ **e)** $\epsilon = 61°$

Dreiecke

Bezeichnung, Einteilung und Konstruktion von Dreiecken

Bezeichnung

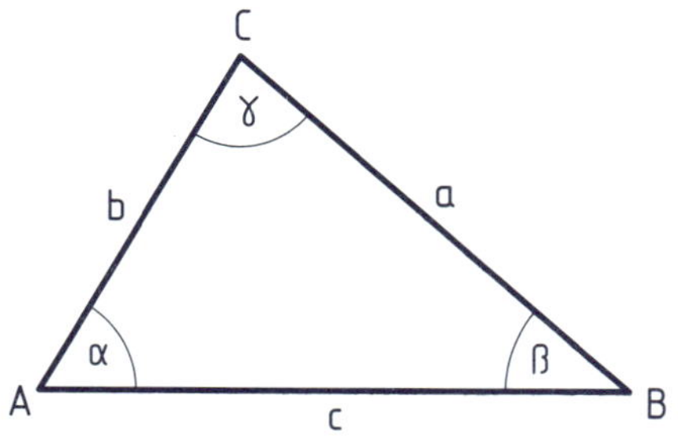

Ein Dreieck hat drei **Eckpunkte,** die mit Großbuchstaben bezeichnet werden, z. B.: A, B, C
Die Beschriftung erfolgt gegen den Uhrzeigersinn (mathematisch positive Richtung).
Die drei **Seiten** eines Dreiecks werden mit Kleinbuchstaben entsprechend den gegenüberliegenden Eckpunkten bezeichnet, z. B.: a, b, c
Die **Innenwinkel** eines Dreiecks werden mit den entsprechenden griechischen Kleinbuchstaben beschriftet, z. B.: α, β, γ

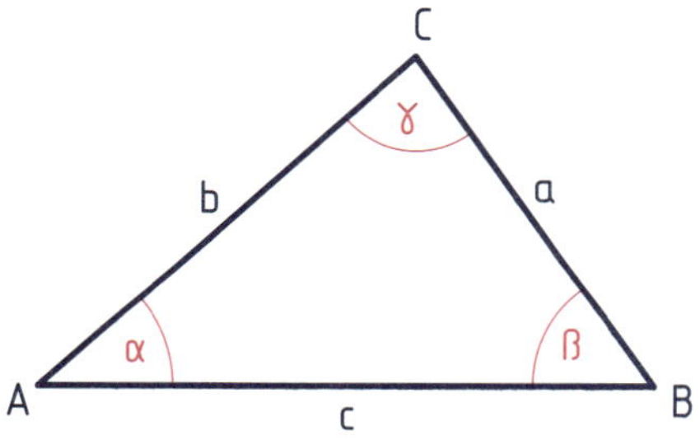

Innenwinkel

Die Summe der Innenwinkel beträgt 180°.

$$\alpha + \beta + \gamma = \mathbf{180°}$$

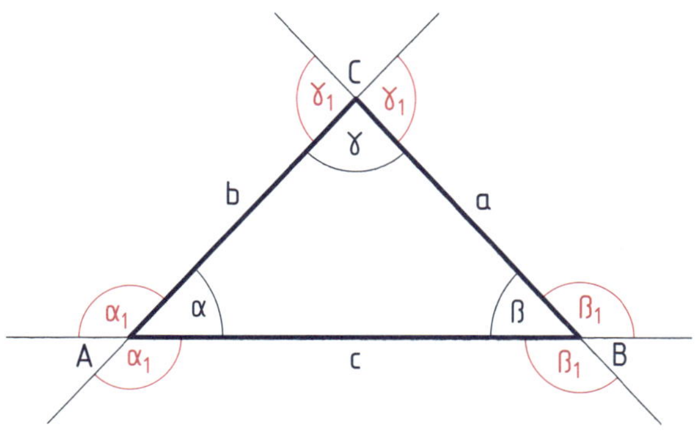

Außenwinkel

Verlängert man die Seiten eines Dreiecks, erhält man die Außenwinkel α_1, β_1 und γ_1.
Jeder Außenwinkel ist supplementär zum anliegenden Innenwinkel, z. B.: $\alpha_1 = 180° - \alpha$
Die Summe der Außenwinkel, beträgt 360°.

$$\alpha_1 + \beta_1 + \gamma_1 = \mathbf{360°}$$

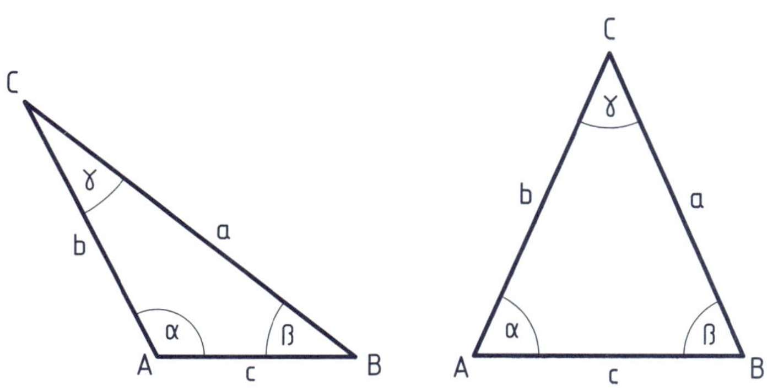

Seitenlänge und Winkelgröße

Dem kleineren Winkel eines Dreiecks liegt die kürzere Seite gegenüber.
Gleich großen Winkeln eines Dreiecks liegen gleich lange Seiten gegenüber (gleichschenkliges Dreieck).

Einteilung

nach den Seiten

gleichseitiges Dreieck

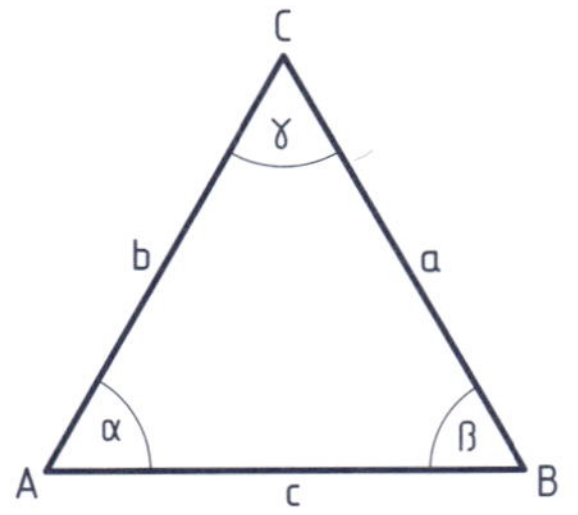

alle drei Seiten sind gleich lang a = b = c

gleichschenkliges Dreieck

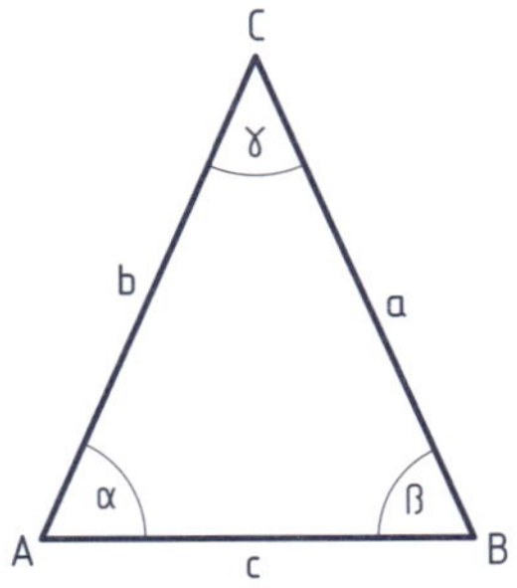

zwei Seiten sind gleich lang a = b

ungleichseitiges Dreieck

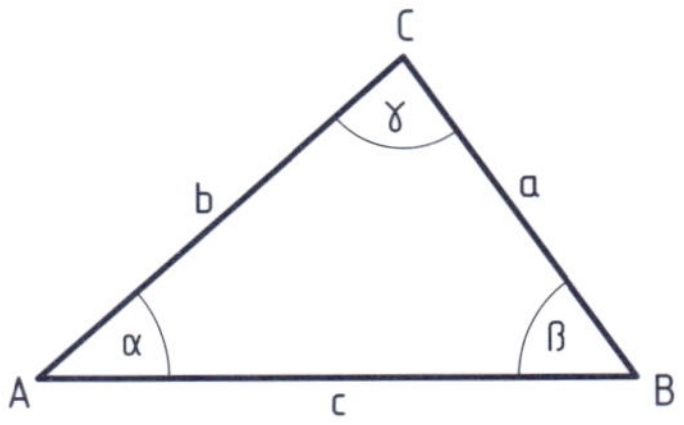

alle Seiten sind verschieden lang

nach den Winkeln

spitzwinkliges Dreieck

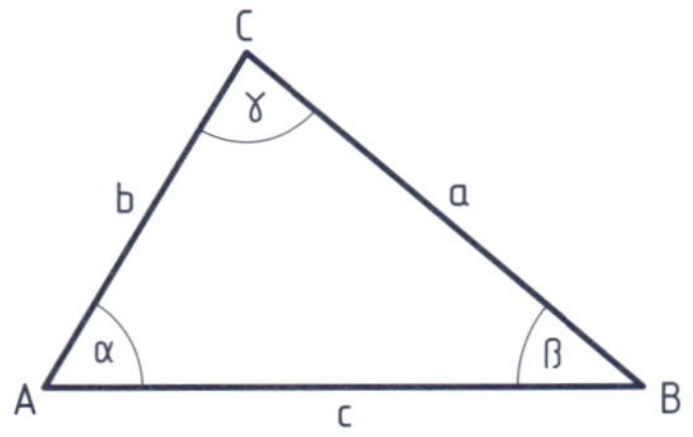

alle Winkel sind spitze Winkel $\alpha < 90°$, $\beta < 90°$, $\gamma < 90°$

rechtwinkliges Dreieck

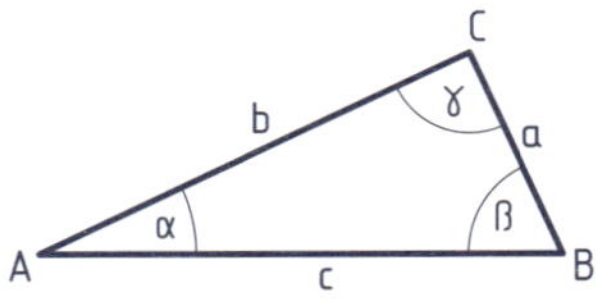

ein Winkel ist ein rechter Winkel $\gamma = 90°$

stumpfwinkliges Dreieck

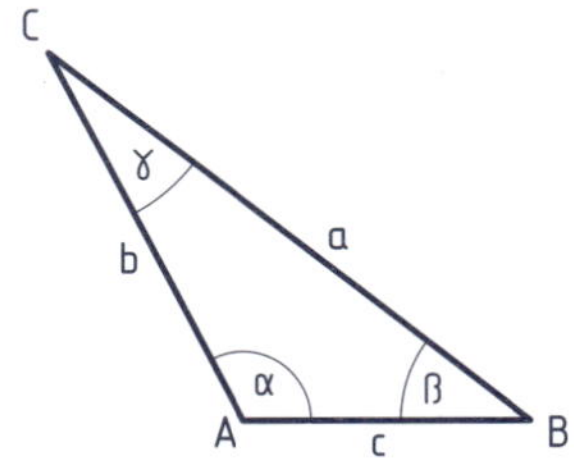

ein Winkel ist ein stumpfer Winkel $\alpha > 90°$

Konstruktion

Um ein Dreieck konstruieren zu können, muss die Summe zweier Seitenlängen größer sein als die dritte Seitenlänge.

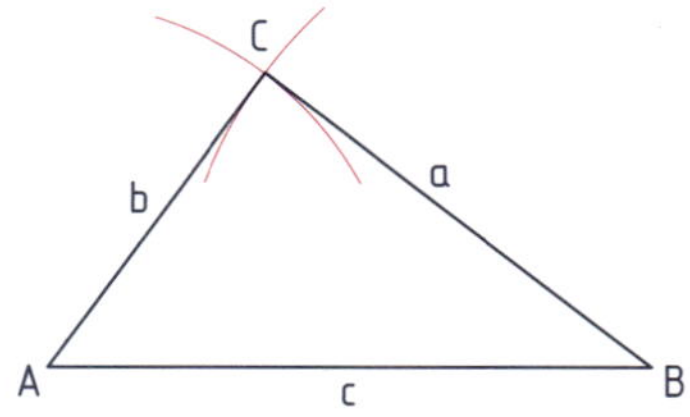

Dreiecke, von denen man drei Seitenlängen kennt:

△ABC, gegeben: a = 4 cm,
b = 3 cm,
c = 5 cm

1. Beginne mit c = AB
2. Nimm die Länge der Seite b bzw. der Seite a in den Zirkel und zeichne einen Kreisbogen.
3. Der Schnittpunkt der Bögen ist der Punkt C.

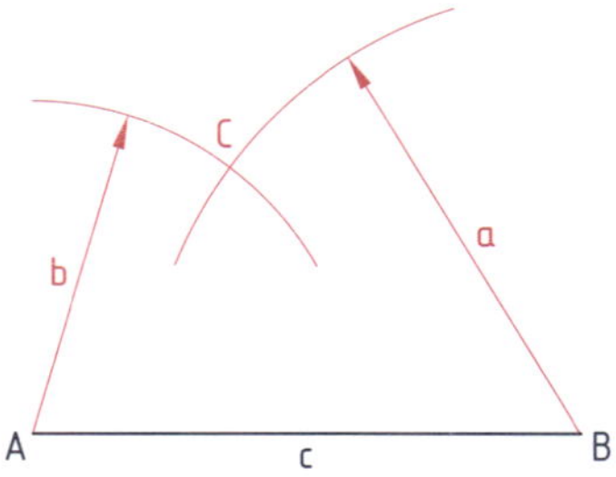

Wenn du das Dreieck auf einem anderen Blatt Papier nochmals zeichnest erhältst du ein deckungsgleiches **(kongruentes)** Dreieck. Dreiecke sind kongruent, wenn sie in den drei Seitenlängen übereinstimmen = Seiten-Seiten-Seiten-Satz: **SSS-Satz.**

Dreiecke, von denen man zwei Seitenlängen und den eingeschlossenen Winkel kennt:

△ABC, gegeben: b = 37 mm, c = 65 mm, $\alpha = 70°$

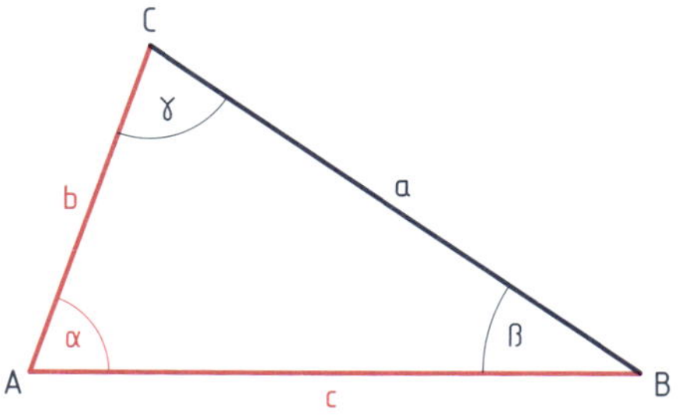

1. Zeichne zuerst die Seite c = AB
2. Zeichne den Winkel α: $\alpha = \angle bc = 70°$
   Du erhältst die Richtung der Seite b.
3. Abschlagen der Seite b = 37 mm
   Der Punkt C ist der Schnittpunkt mit dem Kreisbogen.

Dreiecke sind kongruent, wenn sie in zwei Seitenlängen und dem von beiden Seiten eingeschlossenen Winkel übereinstimmen = Seiten-Winkel-Seiten-Satz: **SWS-Satz.**

Dreiecke, von denen man eine Seitenlänge und die beiden anliegenden Winkel kennt:

△ABC, gegeben: c = 57 mm, $\alpha = 45°$, $\beta = 70°$

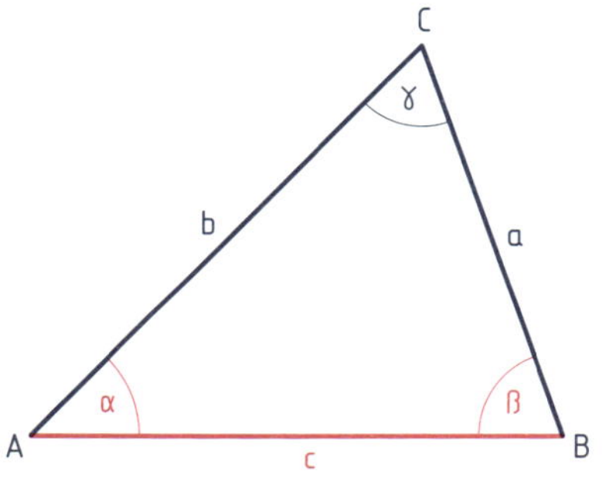

1. Zeichne zuerst die Seite c = AB
2. Zeichne die Winkel α und β: $\alpha = \angle bc$, und $\beta = \angle ac$
   Du erhältst die Richtungen der Seiten b und a.
3. Der Schnittpunkt ist der Punkt C.

Dreiecke sind kongruent, wenn sie in einer Seitenlänge und den beiden anliegenden Winkeln übereinstimmen = Winkel-Seiten-Winkel-Satz: **WSW-Satz.**

Dreiecke, von denen man zwei Seitenlängen und den der längeren Seite gegenüberliegenden Winkel kennt:

△ABC, gegeben: c = 39 mm, b = 54 mm, $\beta = 72°$

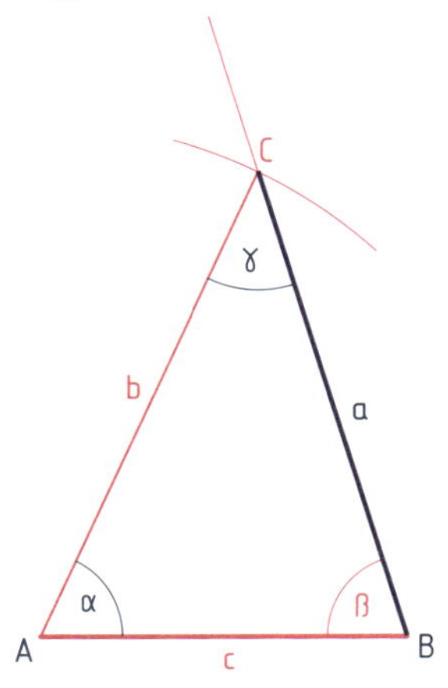

1. Zeichne zuerst die Seite c = AB
2. Zeichne den Winkel β: $\beta = \angle ac$
   Du erhältst die Richtung der Seite a.
3. Abschlagen der Seite b
   Kreisbogen mit b = 54 mm
   Der Punkt C ist der Schnittpunkt mit dem Kreisbogen.

Dreiecke sind kongruent, wenn sie in zwei Seitenlängen und dem der längeren Seite gegenüberliegenden Winkel übereinstimmen = Seiten-Seiten-Winkel-Satz: **SSW-Satz.**

Konstruktion von Dreiecken

Konstruiere folgende Dreiecke!

1

a) △ a = 6 cm
b = 4 cm
c = 5 cm

b) △ a = 5 cm
b = 7,2 cm
c = 5,8 cm

2

a) △ a = 70 mm
$\beta = 80°$
$\gamma = 26°$

b) △ c = 8 cm
$\alpha = 55°$
$\beta = 35°$

3

a) △ a = 5 cm
b = 6,5 cm
$\gamma = 37°$

b) △ a = 77 mm
c = 25 mm
$\beta = 85°$

4

a) △ a = 3,6 cm
$\alpha = 45°$
$\beta = 72°$

b) △ a = 9 cm
b = 3 cm
c = 5 cm
!

Übersicht und Konstruktion besonderer Dreiecke

gleichseitiges Dreieck

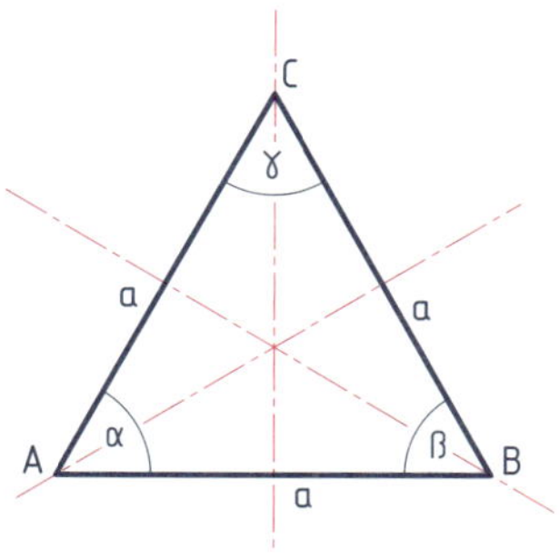

$a = b = c$
$\alpha = \beta = \gamma = 90°$
drei Symmetrieachsen

gleichschenkliges Dreieck

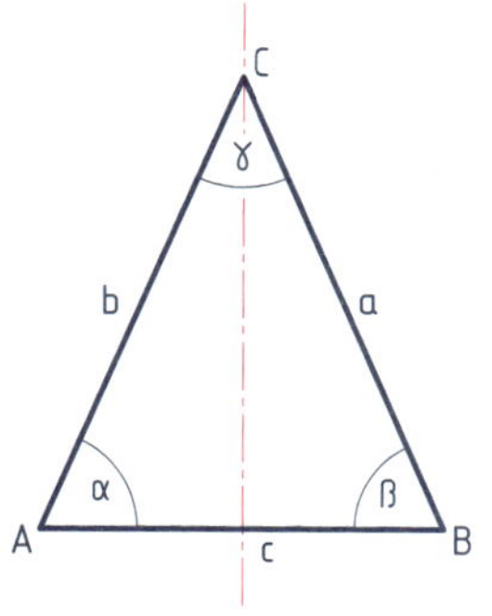

$a = b$ ... Schenkel, c ... Basis
$\alpha = \beta$ ... Basiswinkel
eine Symmetrieachse

rechtwinkliges Dreieck

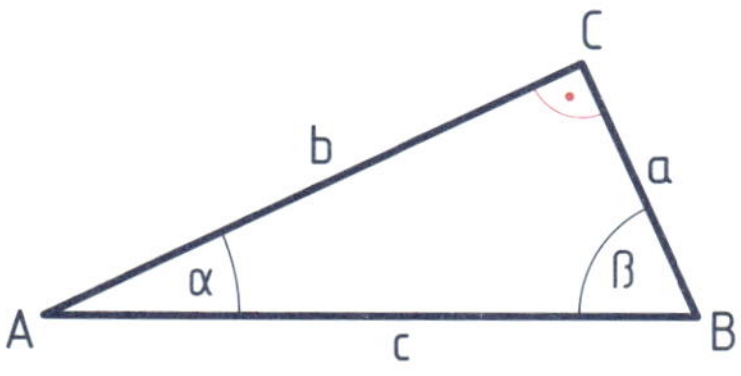

$\gamma = 90°$, $\alpha + \beta = 90°$
a, b ... Katheten
c ... Hypotenuse

△ **ABC,** gegeben: a = 4 cm

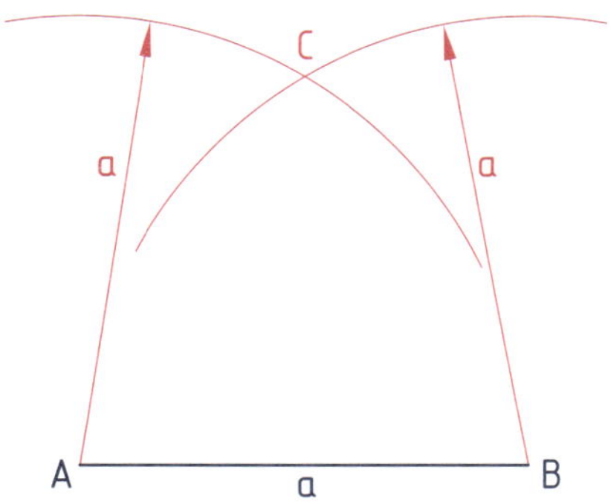

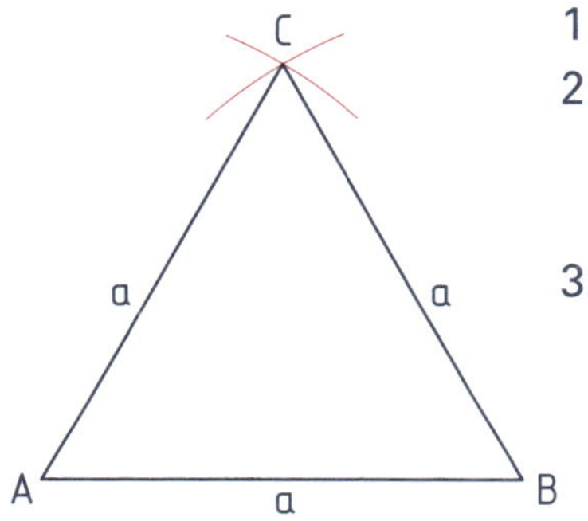

△ Zeichen für ein gleichseitiges Dreieck

1. Beginne mit a = AB
2. Nimm die Länge der Seite a in den Zirkel und zeichne einen Kreisbogen von A bzw. B aus.
3. Der Schnittpunkt der beiden Bögen ist der Punkt C.

△ **ABC,** gegeben: c = 4 cm, $\alpha = 35°$

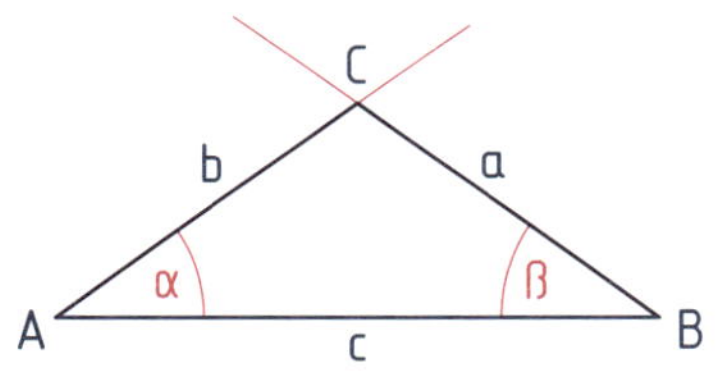

△ Zeichen für ein gleichschenkliges Dreieck

1. Beginne mit c = AB
2. Zeichne den Winkel $\alpha = \angle bc$ (Richtung der Seite b)
3. Zeichen den Winkel $\beta = \angle ac = \alpha$ (Richtung der Seite a)
4. Der Schnittpunkt ist der Punkt C.

◺ **ABC,** gegeben: c = 50 mm, b = 33 mm

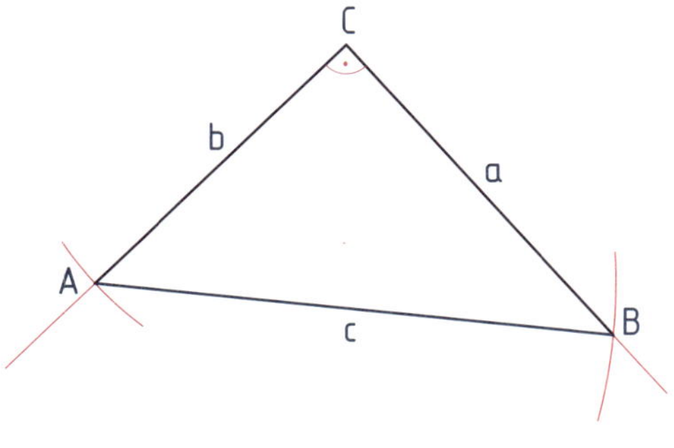

◺ Zeichen für ein rechtwinkliges Dreieck

1. Beginne mit dem rechten Winkel $\gamma = \angle ab$
   Du erhältst die Richtungen der Seiten a und b.
2. Nimm die Länge der Seite b in den Zirkel und zeichne einen Kreisbogen von C aus ⇒ A.
3. Nimm die Länge der Seite c in den Zirkel und zeichne einen Kreisbogen von A aus ⇒ B.

Im **rechtwinkligen Dreieck** gilt der **Satz von Thales.**
Zeichne einen Halbkreis mit beliebigem Durchmesser AB.
Wähle auf dem Kreisbogen mehrere Punkte C_1, C_2, C_3 ...
Es gilt für alle Winkel $\angle AC_1B = \angle AC_2B = \angle AC_3B = 90°$
Jeder Winkel im Halbkreis ist ein **rechter Winkel.**

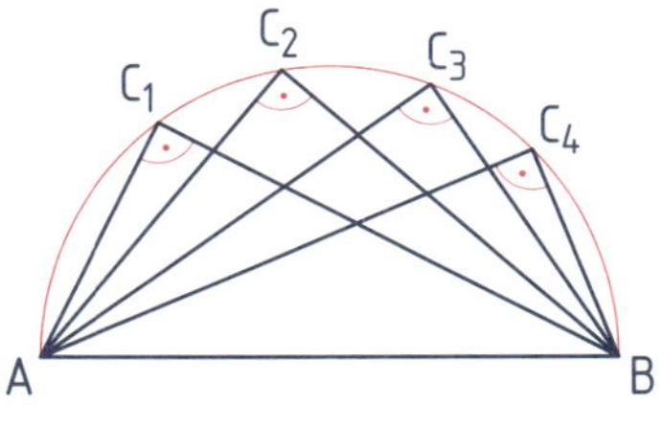

Konstruktion von besonderen Dreiecken

Konstruiere folgende Dreiecke!

1

a) a = 7 cm
b = 3 cm

b) b = 6,4 cm
α = 31°

2

a) c = 80 mm
a = 60 mm

b) c = 4 cm
α = 65°

3

b = 5,2 cm

4

c = 6,8 cm
γ = 100°

5

a = 50 mm
α = 40°

6

c = 9 cm
a = 3 cm

Die merkwürdigen Punkte des Dreiecks

Höhenschnittpunkt H

Die **Höhe** eines Dreiecks ist der Normalabstand eines Eckpunktes zur gegenüberliegenden Seite.

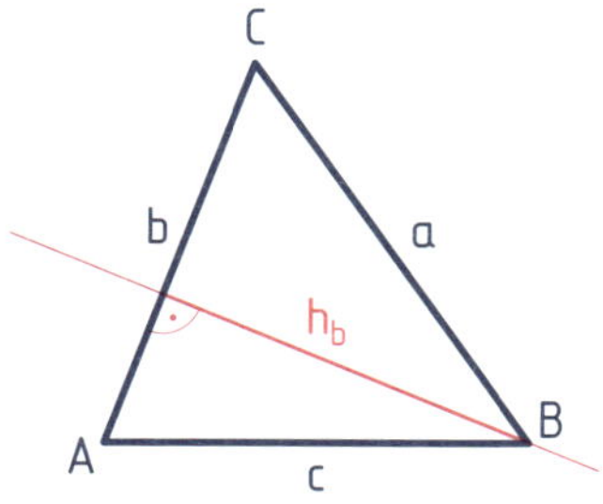

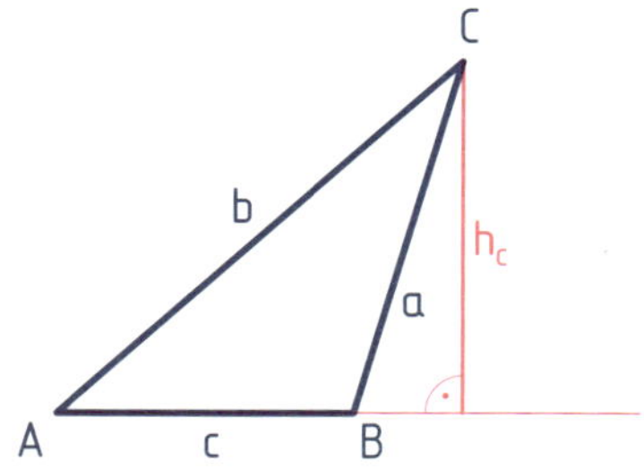

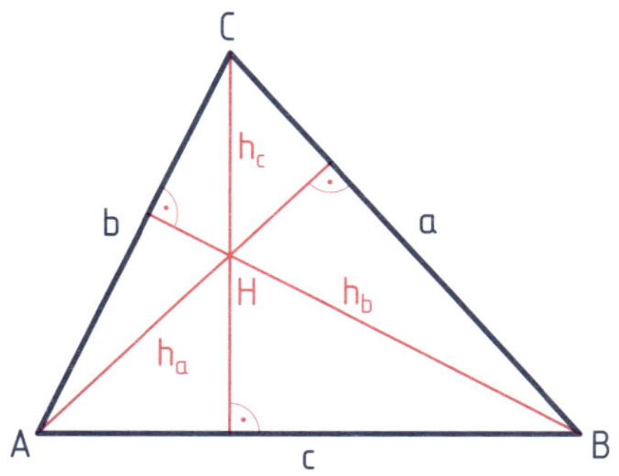

Die Höhen in einem Dreieck schneiden einander im **Höhenschnittpunkt H.**

Schwerpunkt S

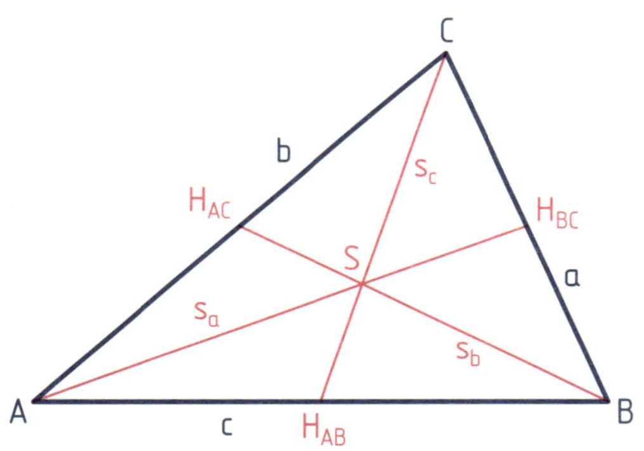

Die Verbindungsstrecke vom Halbierungspunkt (Mittelpunkt) einer Seite zum gegenüberliegenden Eckpunkt heißt **Schwerlinie.** Den Schnittpunkt der drei Schwerlinien eines Dreiecks bezeichnet man als **Schwerpunkt S.**

Umkreismittelpunkt

Die drei Seitensymmetralen eines Dreiecks schneiden einander im **Umkreismittelpunkt U**.
Der Umkreismittelpunkt ist von allen Eckpunkten des Dreiecks gleich weit entfernt.

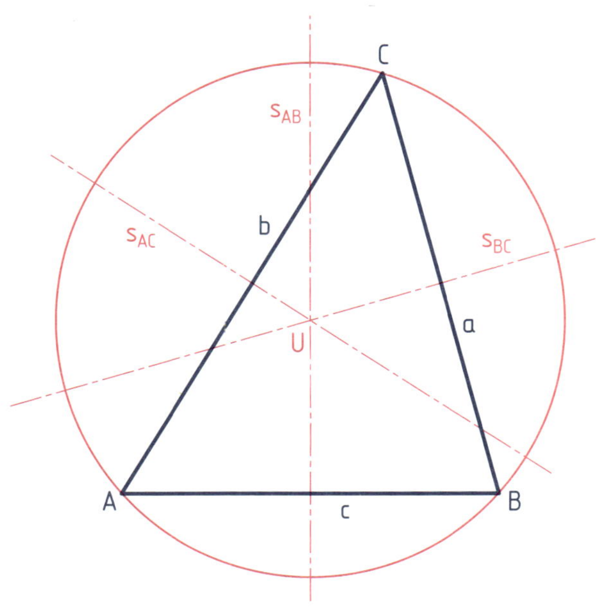

Inkreismittelpunkt I

Der **Inkreismittelpunkt I** ist der Schnittpunkt der Winkelsymmetralen. Der Inkreis berührt die drei Seiten des Dreiecks.

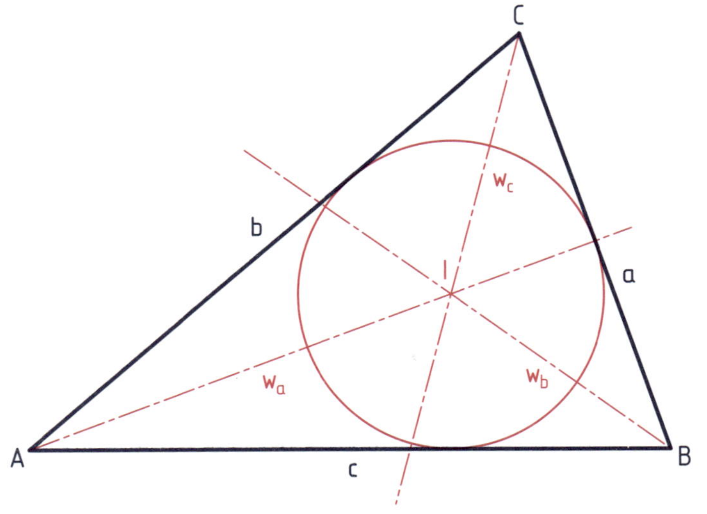

Die Eulersche Gerade

Der Höhenschnittpunkt, der Umkreismittelpunkt und der Schwerpunkt eines Dreiecks liegen auf der Eulerschen Geraden e.

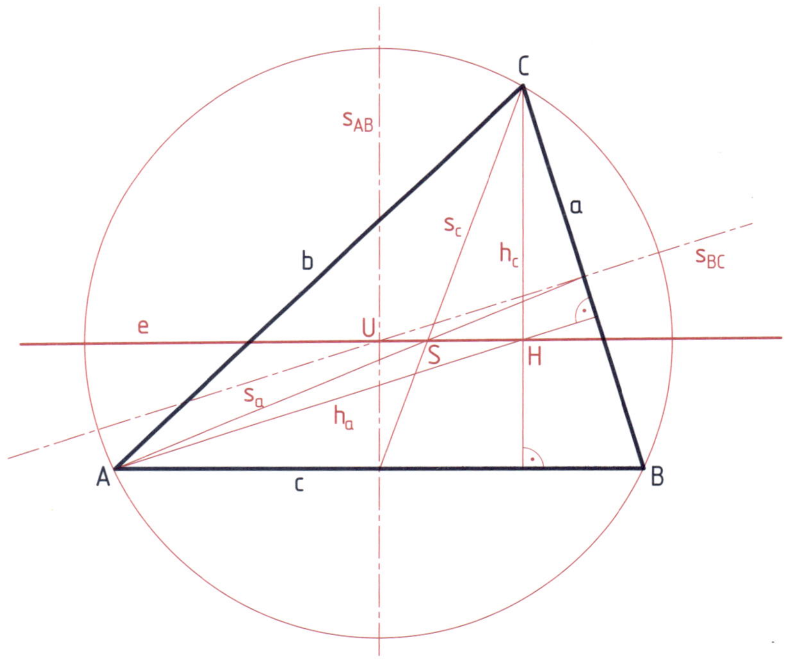

Die merkwürdigen Punkte des Dreiecks

1 Konstruiere jeweils den Höhenschnittpunkt H!

a)

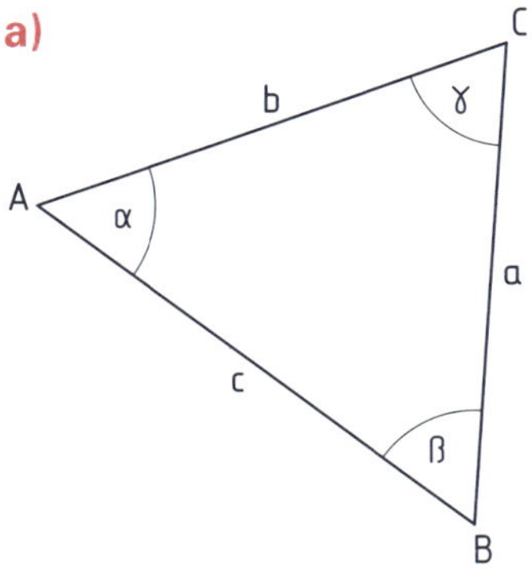

b)

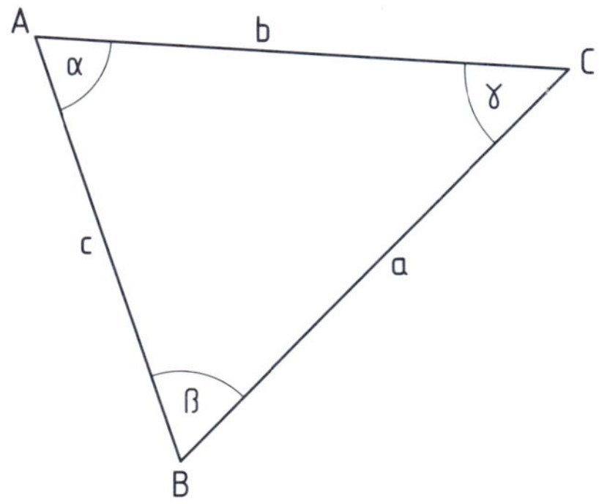

c)

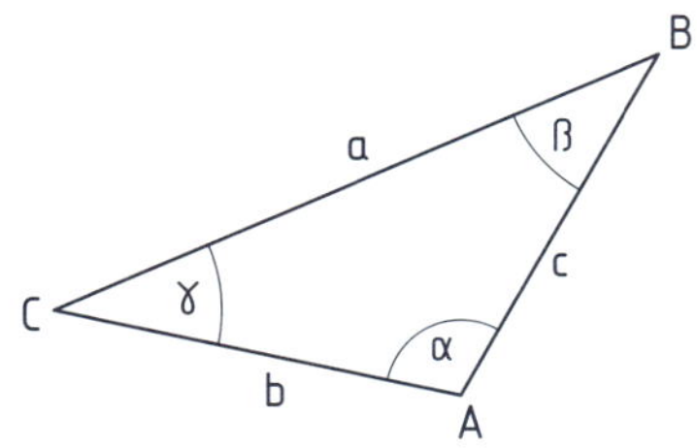

2 Konstruiere jeweils den Inkreismittelpunkt I!

a)

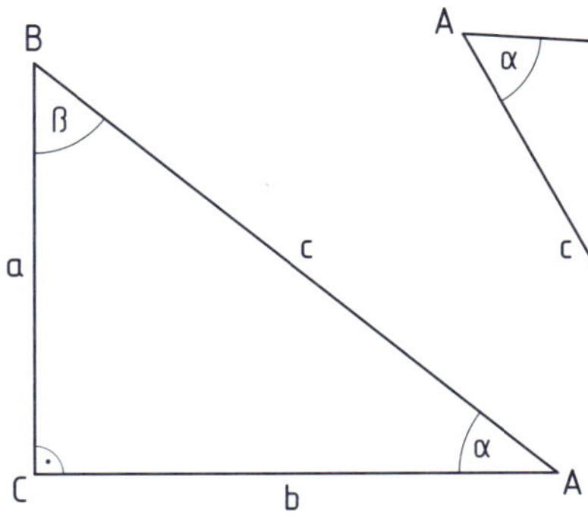

b)

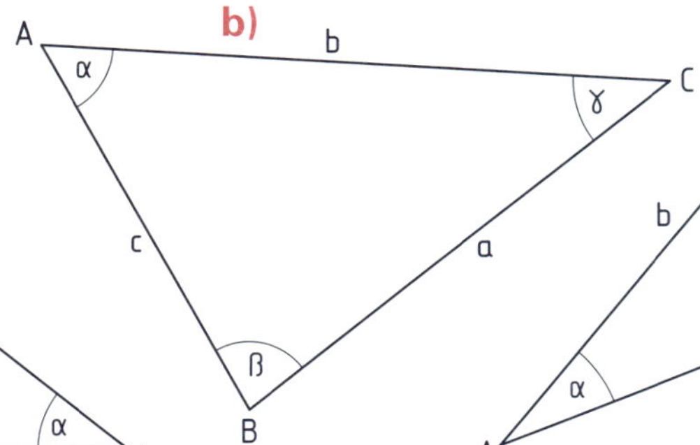

c)

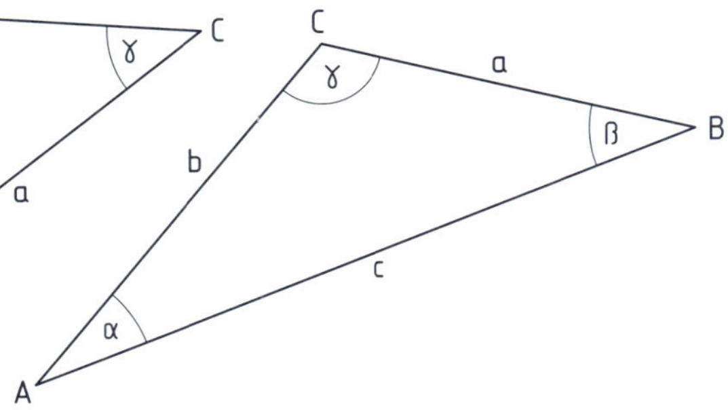

3 Konstruiere jeweils den Umkreismittelpunkt U!

a)

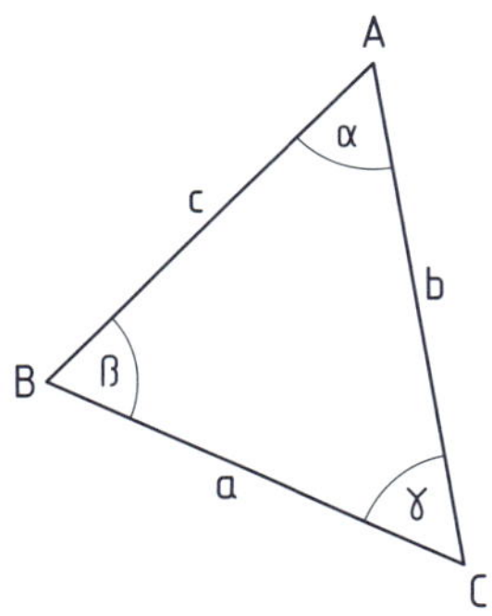

b)

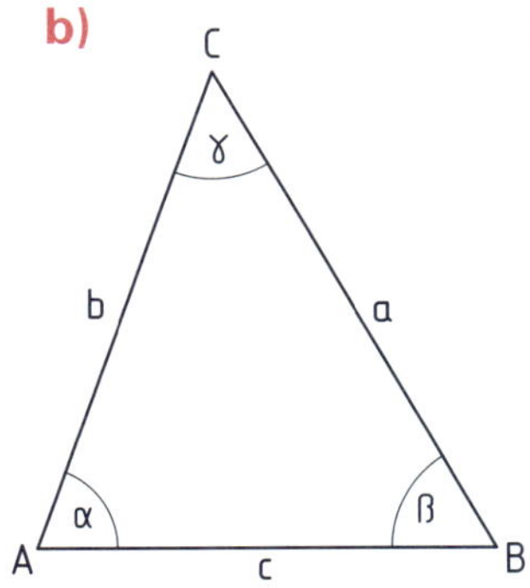

c)

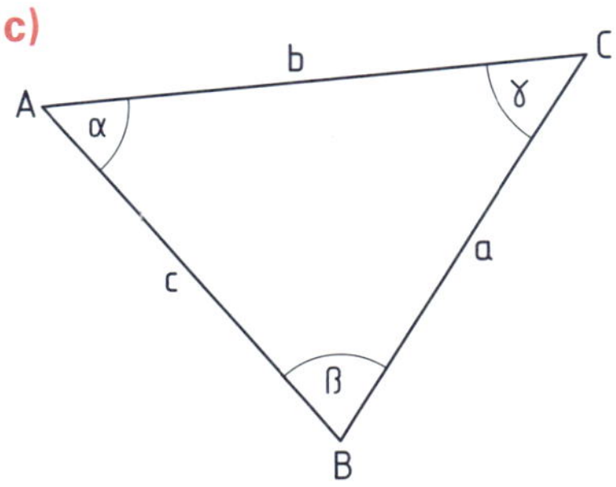

4 Konstruiere jeweils den Schwerpunkt S!

a)

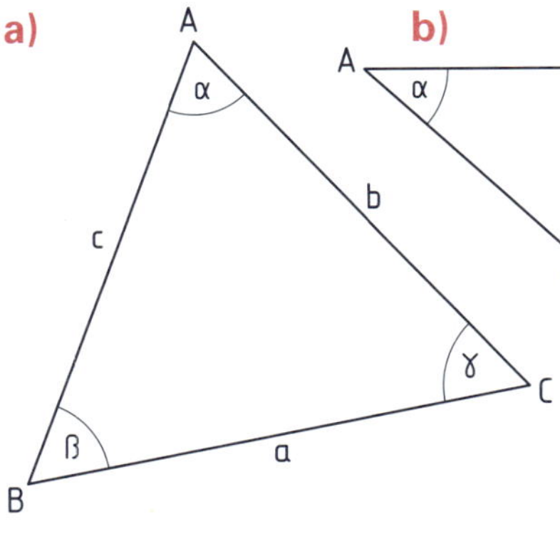

b)

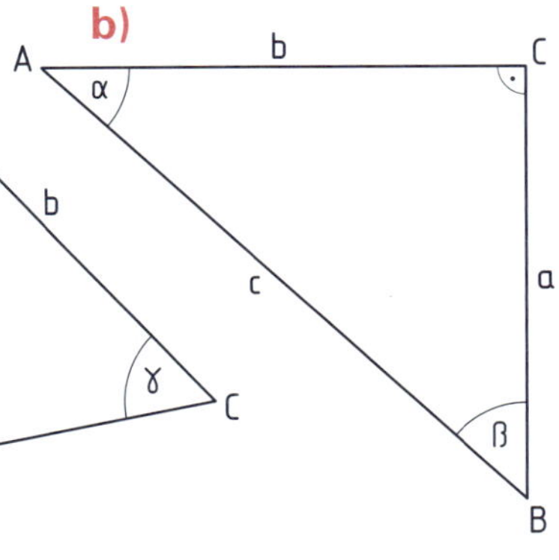

5 Konstruiere △: a = 7 cm, b = 6 cm, c = 5 cm. Zeichne den Höhenschnittpunkt, den Umkreismittelpunkt, den Schwerpunkt und die Eulersche Gerade ein!

Flächeninhalt von rechtwinkligen Dreiecken

Der Flächeninhalt eines rechtwinkligen Dreiecks mit den beiden Katheten a und b ist die Hälfte des Flächeninhalts eines Rechtecks mit der Länge a und der Breite b.

In jedem rechtwinkligen Dreieck gilt:

$\mathbf{A = \frac{a \cdot b}{2} = \frac{1}{2} \cdot a \cdot b}$ a, b … Katheten

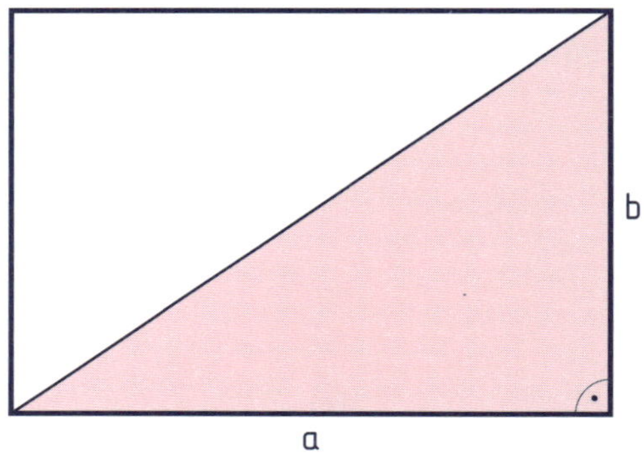

Der **Flächeninhalt eines rechtwinkligen Dreiecks** ist gleich dem **halben Produkt der beiden Kathetenlängen.**

Beispiel:
Berechne den Flächeninhalt eines rechtwinkligen Dreiecks mit den Katheten:

a) a = 12 cm und b = 15 cm

$A = \frac{1}{2} \cdot a \cdot b$
$A = \frac{1}{2} \cdot 12 \cdot 15$
$A = 90\ cm^2$

b) a = 5 m und b = 140 dm

$A = \frac{1}{2} \cdot a \cdot b$
$A = \frac{1}{2} \cdot 5 \cdot 14$ Beachte: 140 dm = 14 m
$A = 35\ m^2$

Beispiel:
Berechne die fehlende Kathetenlänge des rechtwinkligen Dreiecks:

a) $A = 748\ cm^2$, a = 17 cm

$A = \frac{1}{2} \cdot a \cdot b \quad | \cdot 2$
$2 \cdot A = a \cdot b$
$a \cdot b = 2 \cdot A \quad | : a$
$b = 2 \cdot A : a$
$b = 2 \cdot 748 : 17$
$b = 1496 : 17$
$b = 88\ cm$

b) $A = 432\ m^2$, b = 36 m

$A = \frac{1}{2} \cdot a \cdot b$
$2 \cdot A = a \cdot b$
$a \cdot b = 2 \cdot A \quad | : b$
$a = 2 \cdot A : b$
$a = 2 \cdot 432 : 36$
$a = 864 : 36$
$a = 24\ m$

Beispiel:
Berechne den Flächeninhalt des gegebenen Grundstücks. Das Grundstück setzt sich aus einem Rechteck und einem rechtwinkligen Dreieck zusammen.

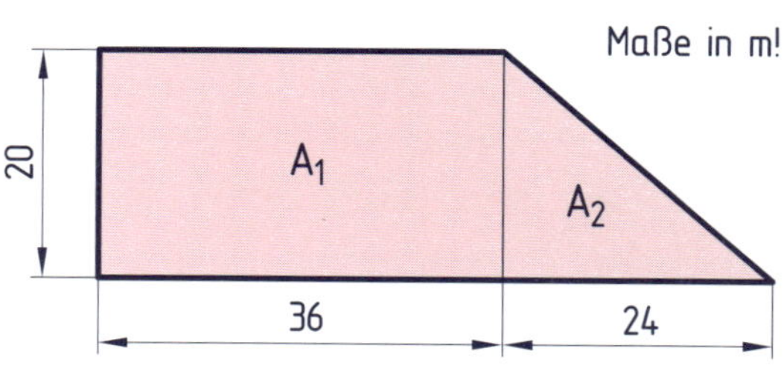

$A_1 = 36 \cdot 20$
$A_1 = 720\ m^2$

$A_2 = \frac{1}{2} \cdot 20 \cdot 24$
$A_2 = 240\ m^2$

Gesamtfläche: $A = A_1 + A_2$
$A = 720 + 240$
$A = 960\ m^2$

Flächeninhalt von rechtwinkligen Dreiecken

1 Berechne den Flächeninhalt der folgenden rechtwinkligen Dreiecke!

	a)	b)	c)	d)	e)	f)	g)
a	17 cm	3,7 dm	95 mm	200 mm	1,5 m	0,4 m !	25 mm !
b	8 cm	1,3 dm	16 mm	67 mm	30 cm	3 dm	$\frac{1}{2}$ m
A							

2 Berechne die fehlenden Katheten!

	a)	b)	c)
a	8 m		24 mm
b		4,8 cm	
A	20 m²	15 cm²	228 mm²

3 Berechne die Fläche des abgebildeten Grundstücks!

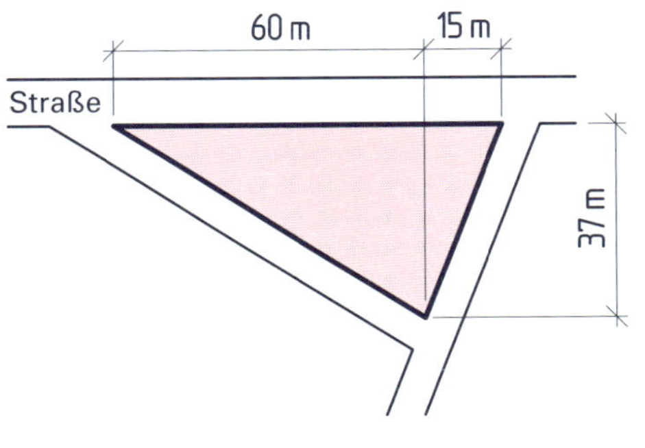

4 Berechne den Flächeninhalt der abgebildeten Figur!

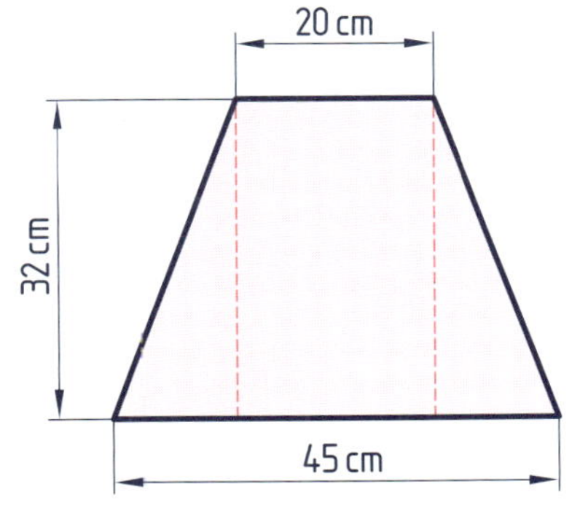

Zusammengesetzte Flächen

Berechne den Flächeninhalt!

1

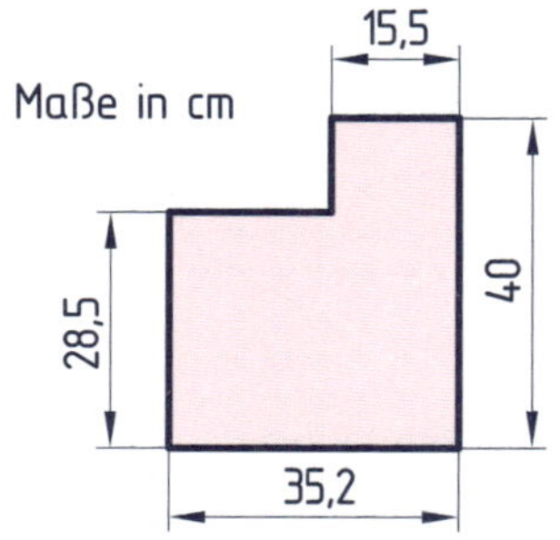

2

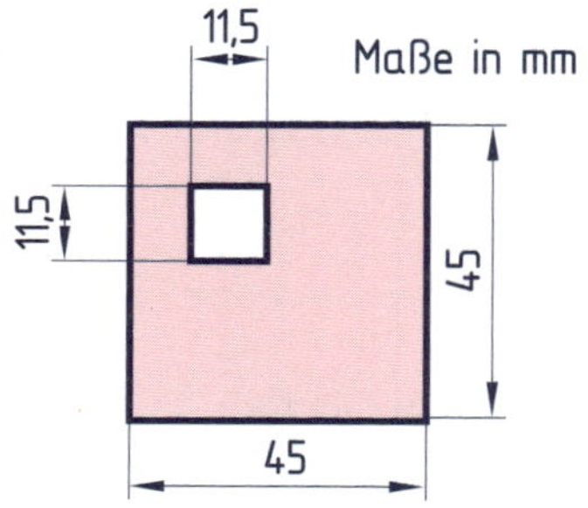

3

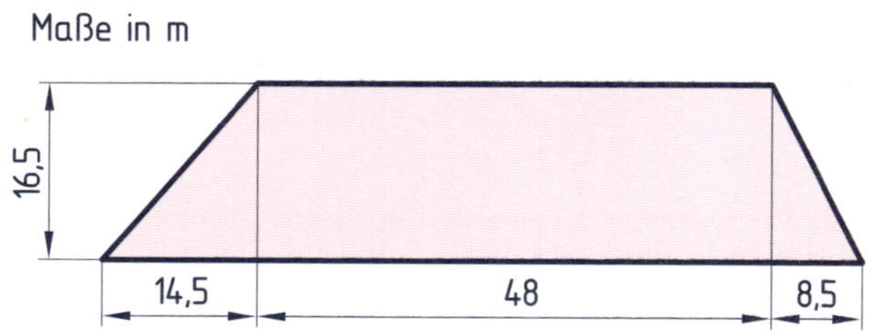

4

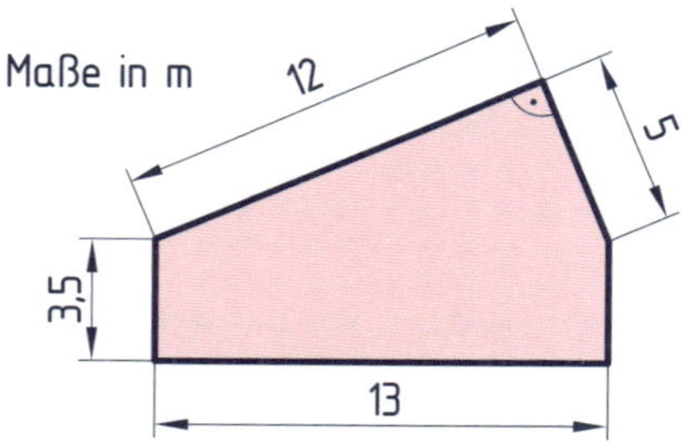

5

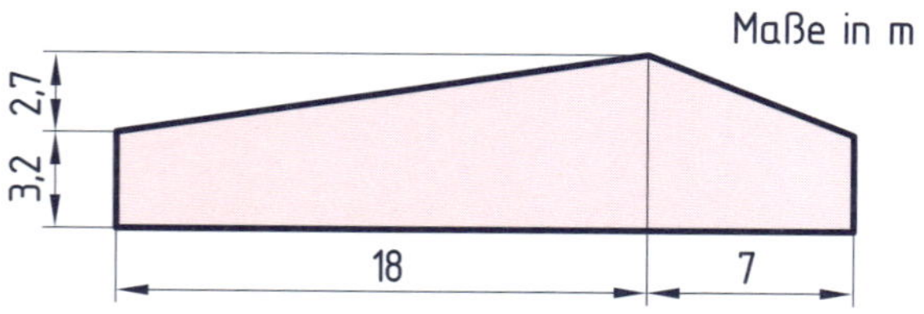

6

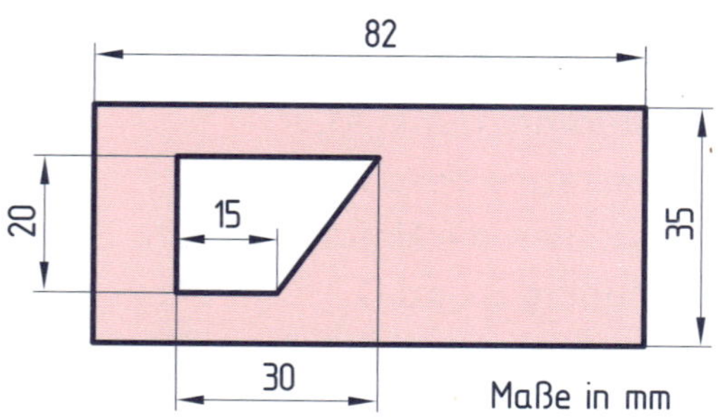

Vierecke – Vielecke

Parallelogramm und Raute

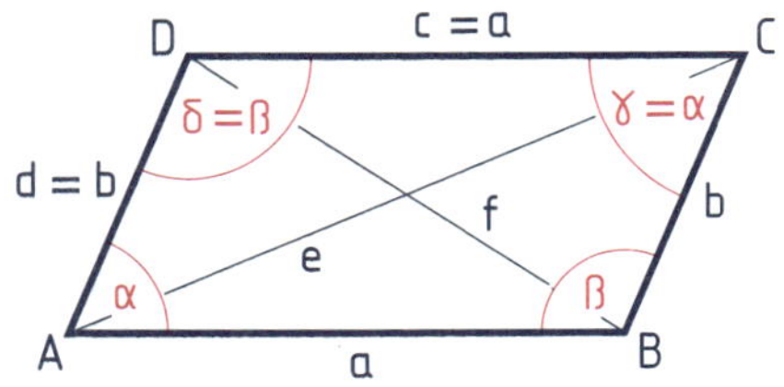

Ein **Parallelogramm** ist ein Viereck, bei dem die jeweils gegenüberliegenden Seiten parallel und gleich lang sind.

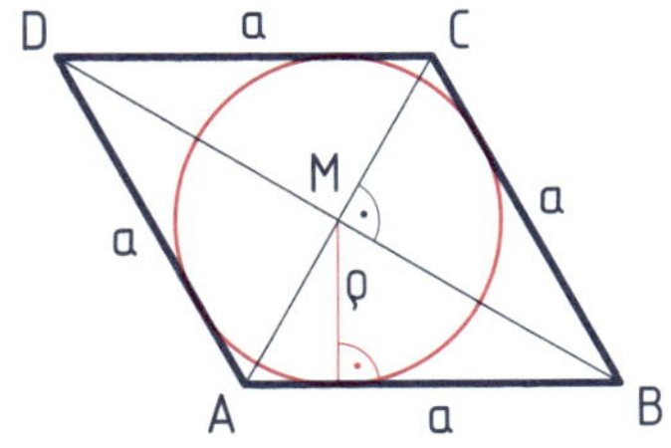

Eine **Raute** ist ein gleichseitiges Parallelogramm.
Die Diagonalen einer Raute halbieren einander, stehen aufeinander normal und halbieren die Winkel. Sie sind Symmetrieachsen.
Eine Raute hat einen Inkreis.

Beispiel:
▱ ABCD, gegeben: a = 35 mm, b = 28 mm, β = 65°   ▱ … Zeichen für ein Parallelogramm

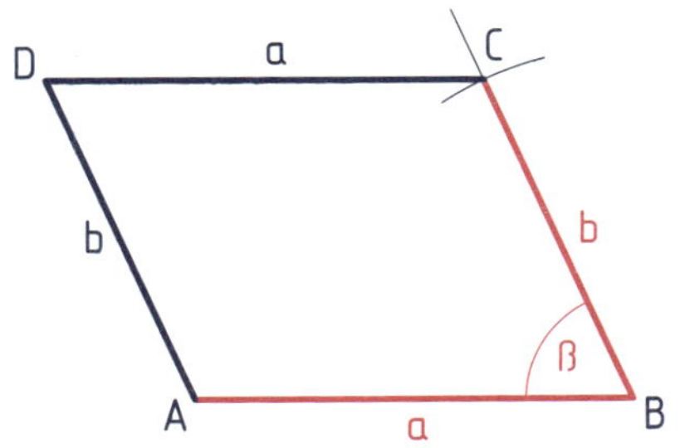

1. Beginne mit a = AB.
2. Zeichne den Winkel β = ∠ab (Richtung der Seite b)
3. Nimm die Länge der Seite b in den Zirkel und schlage von B aus ab. Du erhältst den Eckpunkt C.
4. Zeichne eine Parallele zu a durch C.
5. Zeichne eine Parallele zu b durch A.
6. Der Schnittpunkt der beiden Parallelen ist der Punkt D.

Beispiel: ⌗ ABCD, gegeben: a = 40 mm, α = 60°   ⌗ … Zeichen für eine Raute

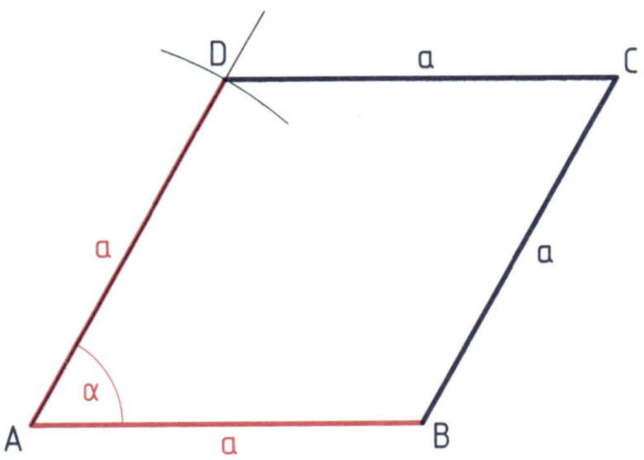

1. Beginne mit a = AB.
2. Zeichne den Winkel α.
3. Schlage die Seite a von A aus ab. Du erhältst den Punkt D.
4. Durch Parallelverschieben der Seiten entsteht die Raute ABCD.

Beispiel: ⌗ ABCD, gegeben: e = 60 mm, f = 42 mm

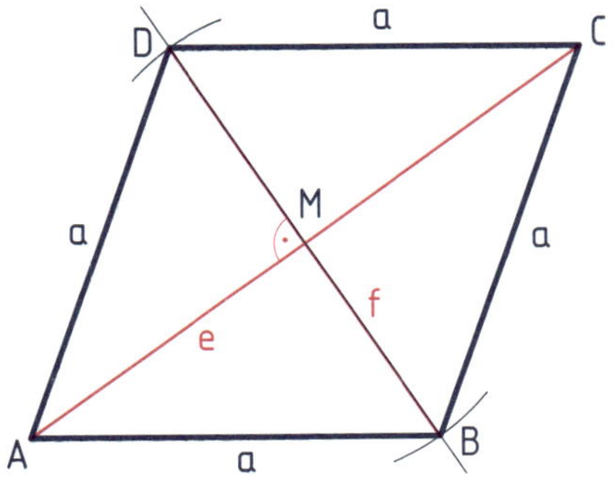

1. Zeichne zuerst die Diagonale e = AC.
2. Bestimme den Halbierungspunkt M.
3. Errichte eine Normale auf e durch M.
4. Schlage auf der Normalen die Hälfte von f ab. Du erhältst die Eckpunkte B und D.

Parallelogramm und Raute

Konstruiere folgende Parallelogramme und Rauten!

1 gegeben:
$a = 6$ cm, $\alpha = 68°$, $d = 3$ cm

2 gegeben:
$a = 56$ mm, $\alpha = 100°$, $b = 34$ mm

3 gegeben:
$a = 5$ cm, $b = 4$ cm, $\alpha = 50°$

4 gegeben:
$a = 60$ mm, $b = 35$ mm, $e = 80$ mm

5 gegeben: $a = 5$ cm, $\alpha = 55°$

6 gegeben: $b = 38$ mm, $\gamma = 100°$

7 gegeben: $a = 50$ mm, $f = 52$ mm

8 gegeben: $e = 66$ mm, $f = 40$ mm

Trapez

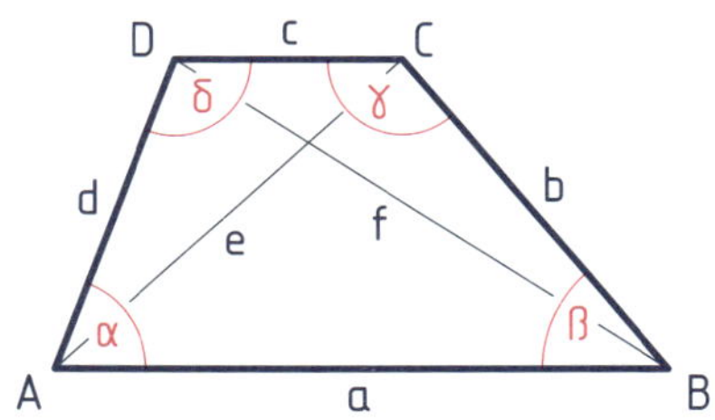

Ein **Trapez** hat zwei parallele Seiten, die einander gegenüberliegen. Die nicht parallelen Seiten heißen Schenkel.
Die einem Schenkel anliegenden Winkel sind supplementär:

$$\alpha + \delta = 180°,\ \beta + \gamma = 180°$$

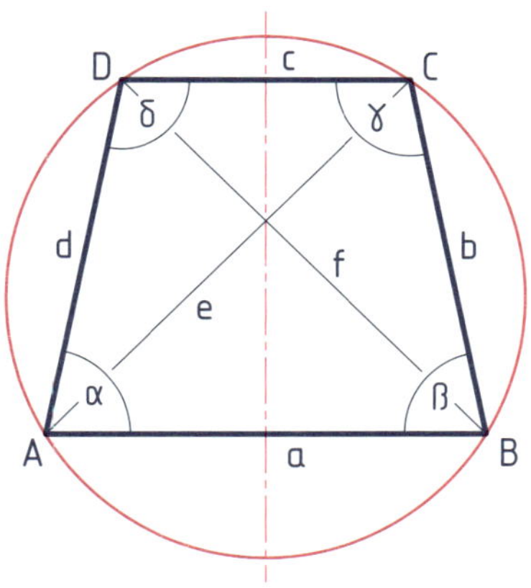

Ein Trapez mit gleich langen Schenkeln heißt **gleichschenkliges Trapez.** Es hat eine Symmetrieachse und einen Umkreis.

$$\alpha = \beta,\ \gamma = \delta$$
$$e = f$$

Beispiel: ⏢ ABCD, gegeben: a = 56 mm, d = 35 mm, $\alpha = 65°$, $\beta = 70°$

⏢ … Zeichen für ein gleichschenkliges Trapez

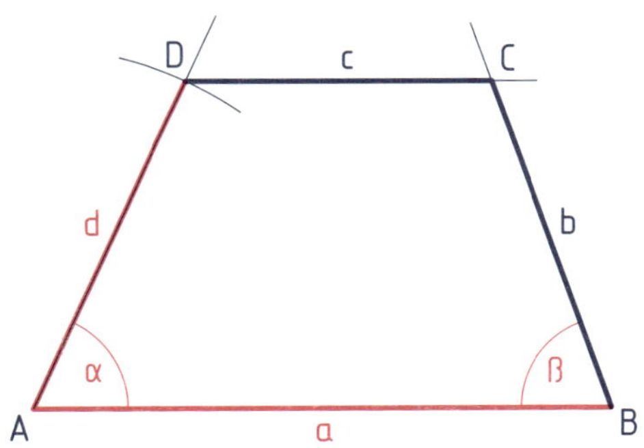

1. Beginne mit a = AB.
2. Zeichne den Winkel $\alpha = \angle ad$
   Du erhältst die Richtung der Seite d.
3. Schlage von A aus die Länge der Seite d ab ⇒ D.
4. Zeichne den Winkel $\beta = \angle ab$
5. Konstruiere eine Parallele zu a durch Punkt D.
6. Der Schnittpunkt der Parallelen mit der Richtung von b ist der Eckpunkt C.

Beispiel 2: ⏢ ABCD, gegeben: a = 50 mm, b = 35 mm, c = 22 mm, d = 28 mm

⏢ … Zeichen für ein Trapez

1. Beginne mit a = AB
2. Konstruiere das Teildreieck AED.
   Dazu musst du zuerst von B aus c „zurückschlagen", um Punkt E zu erhalten. Dann schlage b und d ab und du erhältst Punkt D.
3. Zeichne durch Punkt D eine Parallele zu a.
4. Auf der Parallelen kannst du c von D aus abschlagen ⇒ C.

Skizze

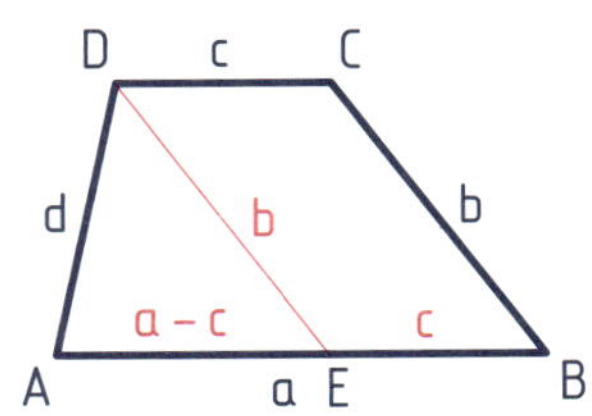

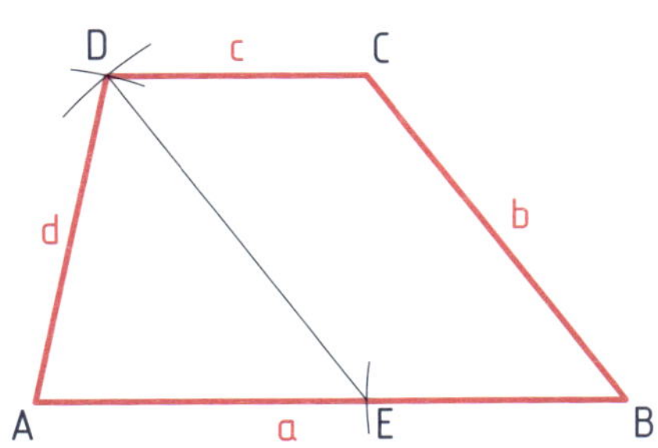

Trapez

Konstruiere folgende Trapeze!

1 gegeben:
$a = 7$ cm, $\alpha = 60°$, $\beta = 80°$, $b = 3$ cm

2 gegeben:
$a = 56$ mm, $\alpha = 82°$, $\beta = 108°$,
$d = 25$ mm

3 gegeben:
$a = 8$ cm, $b = 4$ cm, $c = 1$ cm, $\beta = 60°$

4 gegeben:
$a = 56$ mm, $b = 35$ mm,
$e = 60$ mm, $c = 25$ mm

5 gegeben:
$a = 5$ cm, $b = 4$ cm, $d = 3$ cm

6 gegeben:
$a = 7$ cm, $b = 2$ cm, $\alpha = 80°$

7 gegeben:
$a = 70$ mm, $c = 50$ mm, $h = 35$ mm

8 gegeben:
$a = 66$ mm, $b = 34$ mm, $c = 23$ mm

Deltoid, allgemeines Viereck und regelmäßiges Sechseck

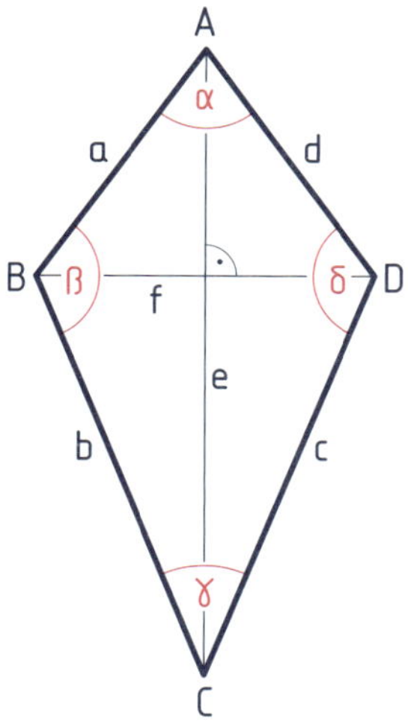

Das Deltoid

Ein **Deltoid** ist ein Viereck mit jeweils zwei gleich langen Seiten (a = d, b = c).
Die Diagonale e = AC liegt auf der Symmetrieachse des Deltoids und teilt es in zwei gleiche Dreiecke.
Die Winkel β und δ sind gleich groß.
Jedes Deltoid hat einen Inkreis.

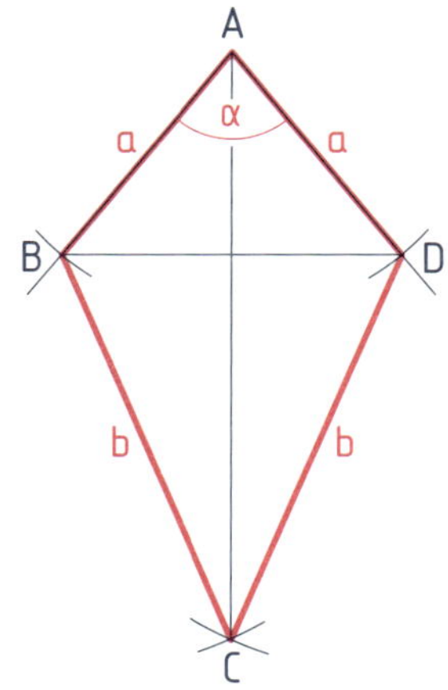

Beispiel:
Konstruiere das Deltoid ABCD a = 22 mm, α = 80°, b = 35 mm

1. Nimm den Punkt A an und zeichne den Winkel α.
2. Schlage auf beiden Schenkel a ab ⇒ B und D.
3. Von B und D aus wird b abgeschlagen ⇒ C.

Das allgemeine Viereck

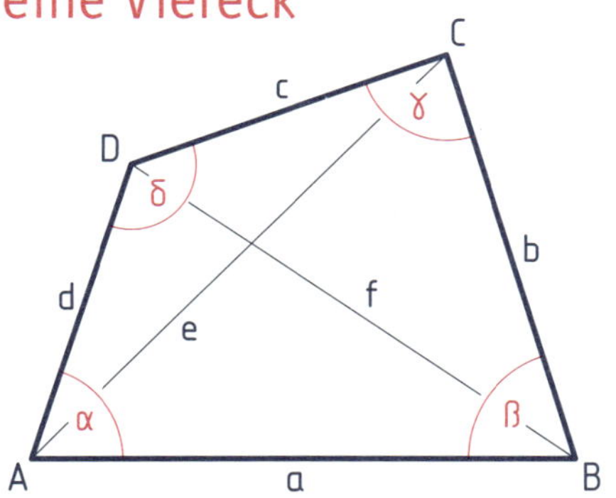

In jedem **Viereck** beträgt die Summe der vier Innenwinkel 360°.

Vieleck

Vielecke werden nach der Anzahl ihrer Eckpunkte benannt.
Bei regelmäßigen Vielecken sind alle Seiten gleich lang und alle Winkel gleich groß.
Ein **regelmäßiges Sechseck** besteht aus sechs kongruenten gleichseitigen Dreiecken.

Beispiel:
Konstruiere das regelmäßige Sechseck mit a = 3 cm

1. Zeichne eine Kreis mit dem Radius r = 3 cm.
2. Nimm einen beliebigen Punkt auf der Kreislinie an.
3. Schlage von diesem Punkt den Radius a ab.
4. Vom Schnittpunkt schlage erneut a ab.
5. Führe das Verfahren fort.
6. Wenn du genau gezeichnet hast, kommst du wieder zum Ausgangspunkt zurück.

Es ist ein regelmäßiges Sechseck entstanden.

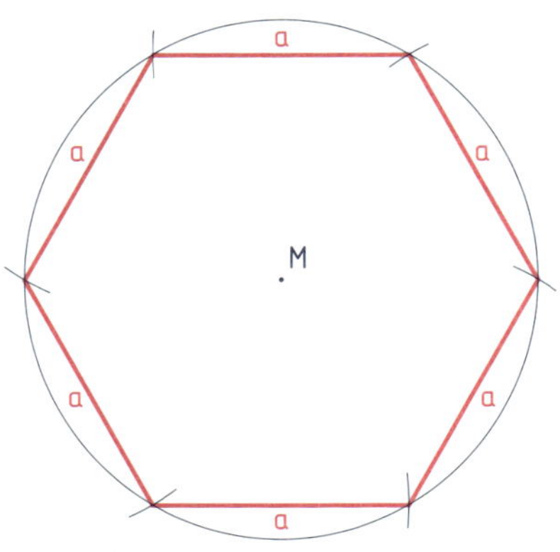

Deltoid, allgemeines Viereck und regelmäßiges Sechseck

Konstruiere!

1 Deltoid, gegeben:
$f = 40$ mm
$a = 25$ mm
$b = 45$ mm

2 Deltoid, gegeben:
$f = 50$ mm
$e = 52$ mm
$a = 28$ mm

3 Deltoid, gegeben:
$f = 4$ cm
$e = 5$ cm
$c = 3$ cm

4 Deltoid, gegeben:
$e = 5$ cm
$\alpha = 120°$
$\beta = 90°$

5 allg. Viereck, gegeben:
$a = 4$ cm
$\beta = 100°$
$b = 3$ cm
$\alpha = 80°$
$d = 25$ mm

6 allg. Viereck, gegeben:
$a = 6$ cm
$\beta = 72°$
$b = 2$ cm
$\gamma = 150°$
$c = 4$ cm

7 regelm. Sechseck,
gegeben: $a = 21$ mm

8 regelm. Sechseck,
gegeben: $a = 25$ mm

Quader und Würfel

Eigenschaften und Schrägriss von Quader und Würfel

Erinnere dich an die 1. Klasse!

Quader

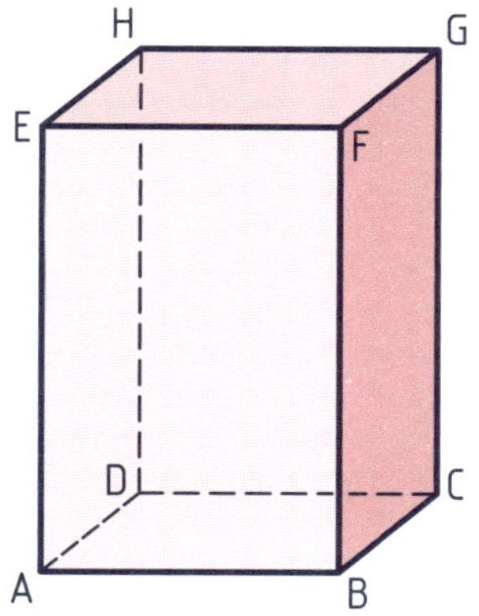

Ecken und Kanten

Jeder Quader hat **8 Ecken** und **12 Kanten.**
Von jeder Ecke gehen 3 Kanten aus. Jede Kante wird durch die Angabe der Endpunkte bezeichnet. Von Punkt A gehen die Kanten AB, AD und AE aus. Jede Kante hat eine Länge.
Man schreibt für die Länge der Kante AB: $\overline{AB}$.
Je 4 Kanten eines Quaders sind gleich lang.
Alle **Längskanten** (AB, CD, EF, GH) sind gleich lang.
Es gilt: $\overline{AB} = \overline{CD} = \overline{EF} = \overline{GH}$
Auch alle **Breitekanten** (AD, BC, FG, EH) und alle **Höhenkanten** (AE, BF, CG, DH) sind gleich lang.

Begrenzungsflächen

Der Quader ist von 6 Rechtecken begrenzt. Diese Begrenzungsflächen werden mit ihren Eckpunkten bezeichnet. Steht der Quader auf der Fläche ABCD, so nennt man das Rechteck ABCD **Grundfläche** (Basisfläche), die Rechtecke ABFE, BCGF, CDHG, ADHE **Seitenflächen** (zusammen Mantelfläche) und das Rechteck EFGH **Deckfläche**.
Gegenüberliegende Rechtecke sind **deckungsgleich** (kongruent).

Schrägriss des Quaders

Im Schrägriss werden die Vorderfläche und die Rückseite in wahrer Größe dargestellt. Die Seitenkanten erscheinen schräg (unter dem **Verzerrungswinkel a**) und verkürzt.
Ist das **Verkürzungsverhältnis** $v = \frac{1}{2}$, erscheint jede Breitekante auf die halbe Länge verkürzt.

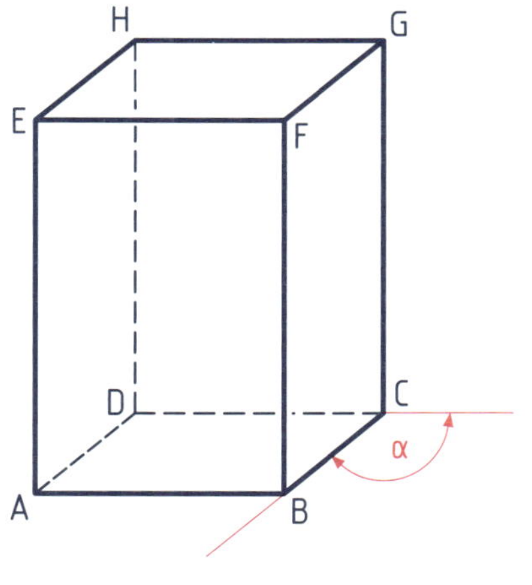

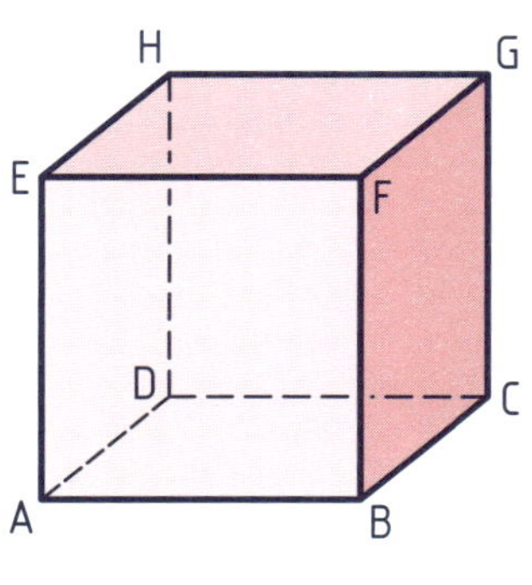

Würfel

Ein Würfel ist ein Quader mit **12 gleich langen Kanten.**
Die **6 Begrenzungsflächen** des Würfels sind Quadrate, die alle **deckungsgleich** sind.

Schrägriss von Quader und Würfel

Zeichne jeweils den Schrägriss!

1 Würfel: $s = 40$ mm; $\alpha = 135°$; $v = \frac{1}{2}$

2 Würfel: $s = 3{,}5$ cm; $\alpha = 45°$; $v = \frac{1}{2}$

3 Quader: $l = 60$ mm
$b = 30$ mm
$h = 35$ mm
$\alpha = 135°$; $v = \frac{1}{2}$

4 Quader: $l = 28$ mm
$b = 50$ mm
$h = 35$ mm
$\alpha = 45°$; $v = \frac{1}{2}$

5 Würfel: $s = 45$ mm; $\alpha = 120°$; $v = \frac{1}{3}$

6 Quader: $l = 40$ mm
$b = 30$ mm
$h = 25$ mm
$\alpha = 60°$; $v = \frac{1}{3}$

Netz und Oberfläche von Quader und Würfel

Erinnere dich an die 1. Klasse!

Quader

Wenn man alle Begrenzungsflächen eines Quaders in der Ebene ausbreitet, dann entsteht das **Netz** des Quaders.

Die **Oberfläche** des Quaders besteht aus **sechs Rechtecken:** der Grund- und Deckfläche und der Mantelfläche (das sind die vier Seitenflächen).

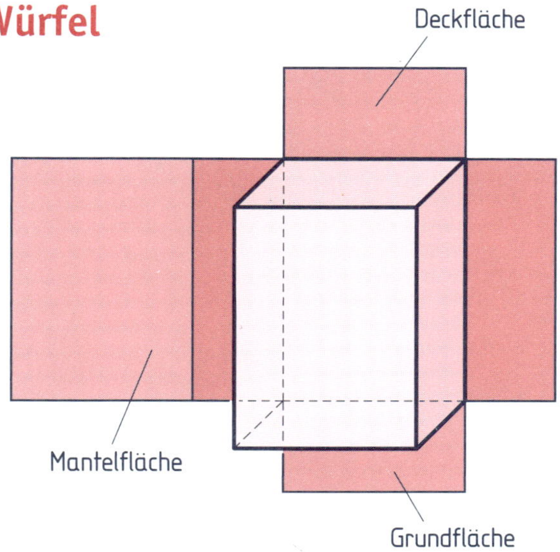

Berechnung des Flächeninhalts der Oberfläche

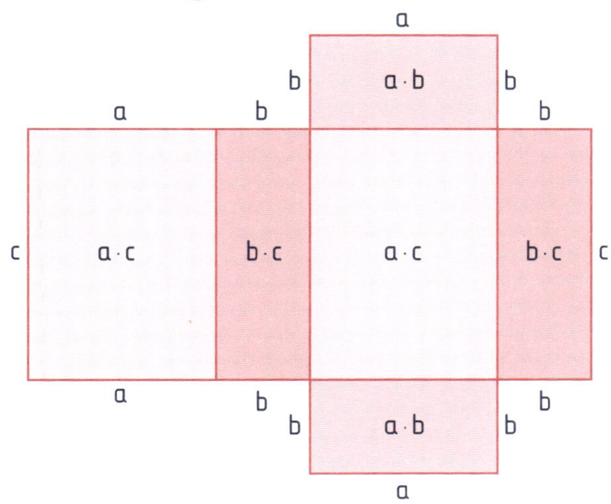

Werden die Kanten eines Quaders mit a für die Länge, b für die Breite und c für die Höhe bezeichnet, dann gilt für den Flächeninhalt der Oberfläche:

$$\mathbf{O = 2 \cdot a \cdot b + 2 \cdot a \cdot c + 2 \cdot b \cdot c}$$
$$\mathbf{O = 2 \cdot (a \cdot b + a \cdot c + b \cdot c)}$$

Beispiel: Von einem Quader kennt man a = 6 cm, b = 4 cm und c = 3 cm. Berechne O.

$O = 2 \cdot (a \cdot b + a \cdot c + b \cdot c)$
$O = 2 \cdot (6 \cdot 4 + 6 \cdot 3 + 4 \cdot 3)$
$O = 2 \cdot (24 + 18 + 12)$
$\underline{O = 108\ cm^2}$

Würfel

Die **Oberfläche** des Würfels besteht aus **sechs Quadraten.**
Für den Oberflächeninhalt gilt daher: $\mathbf{O = 6 \cdot a \cdot a}$

Beispiel: Von einem Würfel kennt man a = 5 cm. Berechne O.

$O = 6 \cdot a \cdot a$
$O = 6 \cdot 5 \cdot 5$
$\underline{O = 150\ cm^2}$

Manchmal werden die **Seitenkanten des Quaders** auch mit **l** (Länge), **b** (Breite) und **h** (Höhe) bezeichnet. Beim **Würfel** wird die **Seitenkante** auch mit **s** benannt.

Oberfläche von Quader und Würfel

Berechne die Oberfläche!

1 Quader: a = 27 cm
b = 16 cm
c = 15 cm

2 Quader: a = 6,2 dm
b = 6,3 dm
c = 0,9 dm

3 Würfel: a = 55 mm

4 Würfel: a = 3,7 m

5 Quader: l = 1,5 m
b = 0,8 m
h = 1,6 m

6 Quader: l = 11,35 m
b = 4,8 m
h = 7,2 m

7 Würfel: s = 1,4 dm

8 Würfel: s = 2,8 m

9 Würfel: s = 0,65 m

10 Quader: l = 1 m 3 cm
b = 45 cm
h = 0,8 dm

Netz von Quader und Würfel

Konstruiere das Netz!

1 Würfel: s = 23 mm

2 Quader: l = 41 mm, b = 21 mm, h = 28 mm

3 Quader: l = 3,2 cm, b = 2,7 cm, h = 1,6 cm

Raummaße – Umwandlungen

Erinnere dich an die 1. Klasse!

Einheiten für das Messen von Rauminhalten (Volumseinheiten)

Ein Würfel mit der Seitenkante 1 cm hat einen Rauminhalt (Volumen) von 1 cm^3 (Kubikzentimeter). 1 cm^3 besteht aus 1 000 Würfeln mit 1 mm^3 Rauminhalt.
Es gilt: 1 cm^3 = 1 000 mm^3

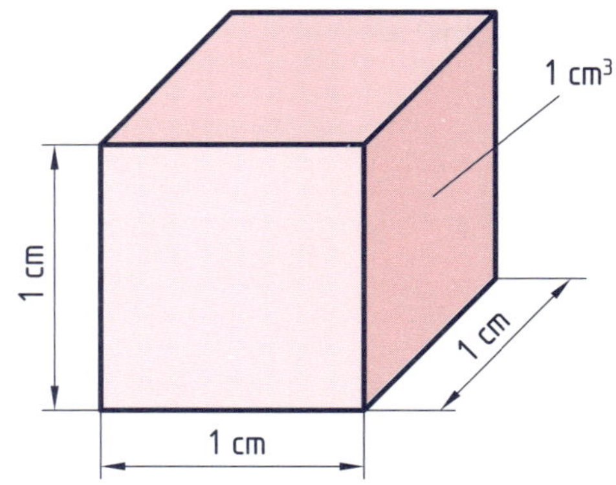

Seitenkante eines Würfels	1 m	1 dm	1 cm	1 mm
Rauminhalt (Volumen)	1 m^3	1 dm^3	1 cm^3	1 mm^3

Die **Verwandlungszahl** von benachbarten Volumseinheiten ist **1 000.**

Hohlmaße

Wird das Volumen von Flüssigkeiten gemessen, verwendet man meist Hohlmaße.
1 Liter (1 l) ist das Volumen eines Würfels mit 1 dm Seitenlänge.

Weiters gilt: 1 hl = 100 l hl … Hektoliter

Zusammenhang zwischen den Volumseinheiten

Bei der Verwandlung von einer Volumseinheit in eine andere kannst du auch eine Stellenwerttafel verwenden.

Verwandle	m³			dm³			cm³			mm³			Ergebnis
2 m^3 85 dm^3 → dm^3			2	**0**	8	5							2 085 dm^3
3,01 cm^3 → mm^3									3	0	1	**0**	3 010 mm^3
2 316 dm^3 → mehrnamig			2	3	1	6							2 m^3 316 dm^3
1,5632 m^3 → cm^3			1	5	6	3	2	**0**	**0**				1 563 200 cm^3

Verwandle	hl		l		dl	cl	ml	Ergebnis
25 hl 7 l → l	2	5	**0**	**7**				2 507 l
1 236 l → hl	1	2	3	6				12,36 hl
7 309 dl → mehrnamig		7	3	0	9			7 hl 30 l 9 dl
57 500 ml → l			5	7	5	0	0	57,5 l

Raummaße – Umwandlungen

1

a)		b)		c)	
8 dm^3 =	cm^3	17 cm^3 =	mm^3	20 m^3 =	dm^3
18,329 m^3 =	dm^3	1,5 cm^3 =	mm^3	8,23 m^3 =	dm^3
0,008 dm^3 =	cm^3	30,01 m^3 =	dm^3	150 cm^3 =	mm^3

2

a)		b)		c)	
2,3 m^3 =	dm^3	8,3 cm^3 =	mm^3	5,8 cm^3 =	dm^3
142 mm^3 =	cm^3	6 240 dm^3 =	m^3	53 cm^3 =	dm^3
0,3 dm^3 =	m^3	413 mm^3 =	cm^3	412 cm^3 =	mm^3
0,52 m^3 =	dm^3	15 cm^3 =	dm^3	6,01 cm^3 =	mm^3

3

a)		b)		c)	
1 000 cm^3 =	dm^3	4 580 dm^3 =	m^3	19 300 mm^3 =	cm^3
350 cm^3 =	dm^3	1 750 mm^3 =	cm^3	2 435 cm^3 =	dm^3
1 358,6 dm^3 =	m^3	279,2 mm^3 =	cm^3	52 cm^3 =	dm^3
0,7 cm^3 =	dm^3	14,12 dm^3 =	m^3	3,42 cm^3 =	dm^3

4

a)		b)		c)	
2 hl =	l	50 hl =	l	4,2 hl =	l
500 l =	hl	890 l =	hl	38 l =	hl
281 l =	hl	227 hl =	l	0,4 hl =	l
5,2 l =	hl	3 500 l =	hl	235 l =	hl

5

a)		b)	
3 dm^3 245 cm^3 =	dm^3	25 hl 6 l =	l
2 m^3 600 dm^3 =	m^3	7 m^3 5 dm^3 =	dm^3
5 hl 30 l =	hl	27 cm^3 912 mm^3 =	mm^3
4 m^3 28 dm^3 =	m^3	5 m^3 750 dm^3 =	l

Volumen und Massenberechnung von Quader und Würfel

Quader

Volumen eines Quaders = Länge mal Breite mal Höhe

$V = a \cdot b \cdot c$ oder **$V = a \cdot b \cdot h$** oder **$V = l \cdot b \cdot h$**

Länge, Breite und Höhe müssen mit der **gleichen Einheit** verwendet werden.

Beispiel: Berechne das Volumen des Quaders a = 75 cm; b = 3 dm, h = 2 dm.

$V = a \cdot b \cdot h$ — Achte beim Einsetzen auf die Einheiten!
$V = 7{,}5 \cdot 3 \cdot 2$ — Verwandle die Länge in dm.
$V = 45{,}0\ dm^3$

Das Volumen des Quaders beträgt 45 dm^3.

Beispiel: Von einem Quader kennt man die Länge a = 6,5 m, die Breite 2,4 m und das Volumen V = 23,40 m^3. Wie hoch ist der Quader?

$V = a \cdot b \cdot h$
$a \cdot b \cdot h = V \quad | : (a \cdot b)$
$h = V : (a : b)$
$h = 23{,}40 : (6{,}5 \cdot 2{,}4)$
$h = 23{,}40 : 15{,}6$
$h = 1{,}5\ m$ — Der Quader ist 1,5 m hoch.

Würfel

Da bei einem Würfel alle Seitenkanten gleich lang sind, gilt für das Volumen:

$V = a \cdot a \cdot a$ oder **$V = s \cdot s \cdot s$**

Berechnung der Masse

Aus der Physik weißt du, dass man die Masse eines Körpers errechnet, indem man das Volumen mit der Dichte multipliziert.

Masse = Volumen mal Dichte **$m = V \cdot \rho$**

Beispiel: Wie schwer ist ein Würfel aus Fichtenholz (Dichte $\rho = 0{,}5\ g/cm^3$), der eine Seitenlänge von 30 cm hat? (Anmerkung: $\rho = 0{,}5\ g/cm^3$ bedeutet, dass 1 cm^3 Fichtenholz die Masse 0,5 g hat.)

$V = a \cdot a \cdot a$ — Formel für das Volumen
$V = 30 \cdot 30 \cdot 30$ — Einsetzen
$V = 27\,000\ cm^3$

$27\,000 \cdot 0{,}5 =$
$= 13\,500\ g = 13{,}5\ kg$ — Der Holzwürfel hat eine Masse von 13,5 kg.

Quadervolumen – Umkehraufgaben

1 Berechne die fehlenden Größen der folgenden Quader:

	a)	b)	c)	d)	e)
l	5 m	2,8 cm		6 m	4 dm
b	2,5 m		13 dm	250 mm	
h		1,5 cm	8 dm		25 cm
V	25 m^3	7,56 cm^3	780 dm^3	150 dm^3	30 l

2 Wie tief ist das Wasser in einem Schwimmbecken mit 8 m Länge und 4 m Breite, wenn 48 m^3 Wasser eingefüllt werden?

3 Wie hoch muss eine Schachtel mit l = 27 cm und b = 6,5 cm sein, wenn 780 cm^3 hineinpassen sollen?

4 Ein Benzinkanister ist 40 cm lang, $\frac{1}{2}$ m hoch und fasst 30 Liter Benzin. Wie breit ist der Kanister?

5 Welche Seitenlänge hat ein Würfel mit 27 cm^3 Rauminhalt?

Volumen von zusammengesetzten Körpern

Berechne die fehlenden Längen und das Volumen! (Alle Maße in mm!)

1

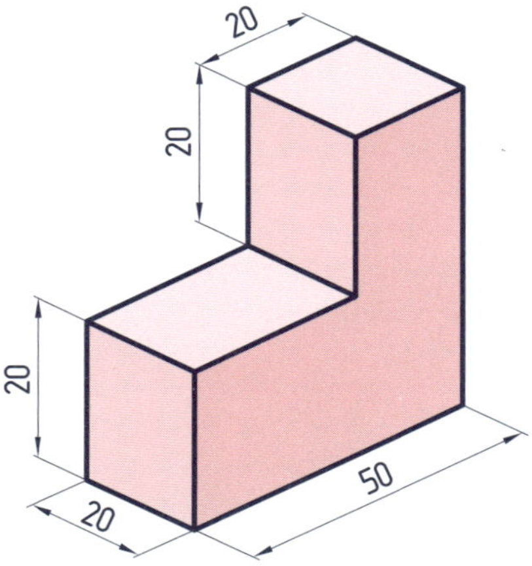

2

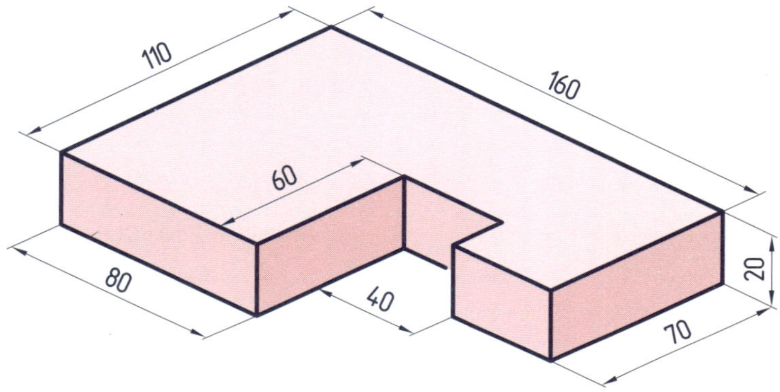

3

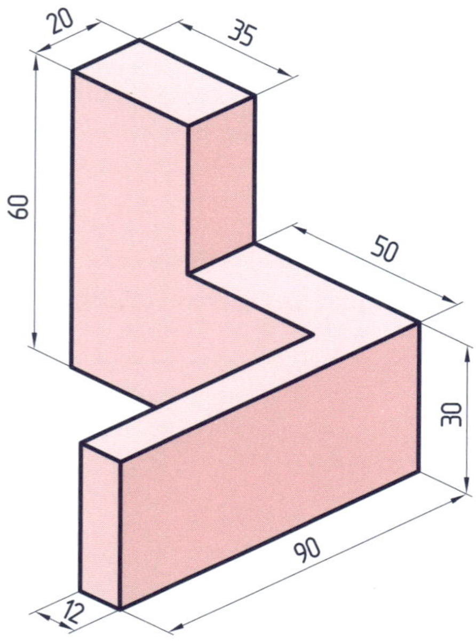

Massenberechnungen

1 Wie schwer ist ein Eisenwürfel mit 30 cm Seitenlänge?
(ρ = 7,85 kg/dm^3)

2 Wie schwer ist eine quadratische Betonplatte mit 3,5 m Seitenlänge und 12 cm Dicke?
(ρ = 2,6 kg/dm^3)

3 Wie schwer ist ein Holzpfosten mit einem Querschnitt von 8 × 8 cm und 5 m Länge?
(ρ = 0,74 kg/dm^3)

4 Welche Last liegt auf einem Flachdach mit 13 m Länge und 7,5 m Breite, wenn 30 cm Schnee darauf gefallen sind?
(ρ = 0,5 kg/dm^3)

5 Wie schwer ist die Luft in einem Zimmer mit 8 × 6 × 2,8 m, wenn 1 m^3 Luft ca. 1,2 kg wiegt?

6 Wie schwer ist eine Rolle mit 50 m Aluminiumblech von 1,2 m Breite und 0,5 mm Dicke?
(ρ = 2,7 kg/dm^3)

Prismen

Ein **Prisma** ist ein geometrischer Körper, bei dem alle **Seitenkanten parallel** und **gleich lang, Grund-** und **Deckfläche deckungsgleich** und zueinander **parallel** und die **Seitenflächen Rechtecke** sind.

Ein Prisma wird **nach** seiner **Grundfläche** (Querschnittsfläche) **benannt:**

Quader – da die Grundfläche ein Viereck ist, wird auch die Bezeichnung **vierseitiges Prisma** verwendet
Würfel – da die Grundfläche eine regelmäßige Figur (Quadrat) ist, wird auch die Bezeichnung **regelmäßiges vierseitiges Prisma** verwendet
Dreieck – da die Grundfläche ein Dreieck ist, wird auch die Bezeichnung **dreiseitiges Prisma** verwendet

Netz und Oberfläche eines Prismas

Wenn man alle Begrenzungsflächen eines Prismas in der Ebene ausbreitet, so erhält man das Netz. Aus dem Netz lässt sich direkt die Formel für die Oberfläche ableiten:

Die Oberfläche besteht aus der Mantelfläche (M) und 2-mal der Grundfläche (G).
$O = 2 \cdot G + M$
Die Mantelfläche ist ein Rechteck, das als Länge den Umfang der Grundfläche (u_G) und als Breite die Höhe des Prismas hat.
$O = 2 \cdot G + u_G \cdot h$
Vergleiche die Formel für die Oberfläche des Quaders: $O = 2 \cdot a \cdot b + (2 \cdot a + 2 \cdot b) \cdot h$

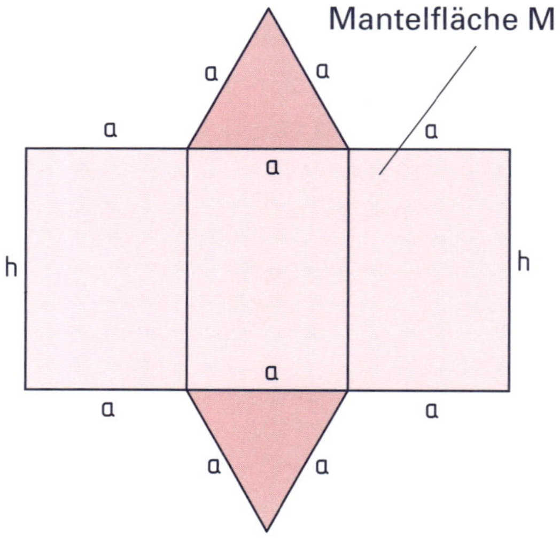

Volumen eines Prismas

Für die Berechnung des Volumens gilt: **$V = G \cdot h$**
Vergleiche die Volumsformel des Quaders:
$V = G \cdot h$ mit $G = a \cdot b$ (Grundfläche ist ein Rechteck mit a und b als Seitenlängen)
Beispiel: Berechne das Volumen eines 6 cm hohen dreiseitigen Prismas.
Grundfläche: rechtwinkliges Dreieck mit den Katheten a = 5 cm, b = 4 cm.

$G = \frac{1}{2} \cdot a \cdot b$ Formel für die Fläche des rechtwinkligen Dreiecks

$G = \frac{1}{2} \cdot 5 \cdot 4 = 10$

$V = G \cdot h$

$V = 10 \cdot 6$

$V = 60\ cm^3$

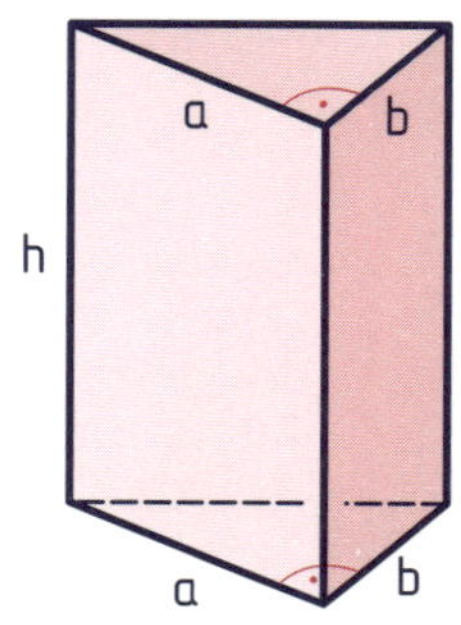

Oberfläche, Volumen und Netz von Prismen

Berechne die Oberfläche und das Volumen!

1 Quadratisches Prisma
Gegeben: $a = 3{,}2$ cm
$h = 7{,}5$ cm

2 Quadratisches Prisma
Gegeben: $a = 62$ mm
$h = 47$ mm

3 Prisma mit rechtwinkligem Dreieck als Grundfläche
Gegeben: $a = 5{,}2$ cm
$b = 3{,}9$ cm
$c = 6{,}5$ cm
$h = 9{,}5$ cm

4 Konstruiere das Netz eines gleichseitigen dreiseitigen Prismas!
Gegeben: $a = 22$ mm
$h = 35$ mm

5 Konstruiere das Netz eines quadratischen Prismas!
Gegeben: $a = 1{,}8$ cm
$h = 3{,}2$ cm

Der Weg zu mehr Lernerfolg für Jugendliche und alle Lernenden!

Für jeden Computer gibt es eine Gebrauchsanweisung.
Aber was ist mit deinem Gehirn, dessen Möglichkeiten unendlich größer sind?

Die neue Notiz- und Merktechnik Mind Mapping zeigt dir Wege,
wie du es wesentlich besser nutzen kannst, und
unterstützt dich bei allen geistigen Betätigungen.
Mit Mind Mapping kannst du ohne großen Aufwand
deine kreativen Fähigkeiten einsetzen,
um in kürzerer Zeit mehr zu lernen und Spaß dabei zu haben.
Es erhöht die Gedächtnisleistung und hilft dir,
bessere Prüfungsergebnisse zu erzielen!

Tony Buzan/Vanda North
Mind Mapping® – Der Schlüssel für deinen Lernerfolg
Kt., 88 Seiten, Format 24 x 21 cm
ISBN 978-3-7074-0899-7

Aufsteigen ... in MATHEMATIK 2

LÖSUNGSHEFT

G&D

Arithmetik

Seite 7

Die vier Grundrechnungsarten

1 **a)** 15,51 **b)** 237,13 **c)** 56 679,27 **d)** 111 087,43 **e)** 93 718,763

2 **a)** 13,13 **b)** 297,59 **c)** 4 934,31 **d)** 167,1112 **e)** 52 417,91

3 **a)** 301,54 **b)** 3 148,837
c) 767,4412 **d)** 611,6383

4 **a)** 14,5 **b)** 147,39
c) 111,02 **d)** 938,307
e) 622,207 **f)** 1 894,524

5 **a)** 598,98 **b)** 3 084,9 **c)** 69,3105 **d)** 207,946 **e)** 181,74

6 **a)** Ergebnis: 45,6 0 Rest **b)** Ergebnis: 56,4 0 Rest

c) Ergebnis: 52,81 0 Rest **d)** Ergebnis: 78,5 0 Rest

7 **a)** Ergebnis: 45,70 Rest: 0,5 **b)** Ergebnis: 45,50 Rest: 0,05

c) Ergebnis: 1,56 Rest: 0,021 **d)** Ergebnis: 365,75 Rest: 0,365

Seite 10

Rechenregeln – Addition und Subtraktion

1 **a)** 45 + 38 + 55 =
= (45 + 55) + 38 =
= 100 + 38 =
= 138

b) 123 + 31 + 19 =
= 123 + (31 + 19) =
= 123 + 50 =
= 173

c) 98,5 + 12,7 + 1,5 =
= (98,5 + 1,5) +12,7 =
= 100 + 12,7 =
= 112,7

d) 45,8 + 51,5 + 48,5 =
= 45,8 + (51,5 + 48,5) =
= 45,8 + 100 =
= 145,8

2 **a)** $1\,358 - 247 - 118 - 601 =$
$= 1\,358 - (247 + 118 + 601) =$
$= 1\,358 - 966 =$
$= 392$

b) $45\,288 - 23\,817 - 4\,218 - 1\,963 =$
$= 45\,288 - (23\,817 + 4\,218 + 1\,963) =$
$= 45\,288 - 29\,998 =$
$= 15\,290$

c) $123{,}3 - 11{,}06 - 2{,}51 - 6{,}3 =$
$= 123{,}3 - (11{,}06 + 2{,}51 + 6{,}3) =$
$= 123{,}3 - 19{,}87 =$
$= 103{,}43$

d) $42{,}78 - 12{,}45 - 13{,}4 - 16{,}04 =$
$= 42{,}78 - (12{,}45 + 13{,}4 + 16{,}04) =$
$= 42{,}78 - 41{,}89 =$
$= 0{,}89$

3 **a)** $478 - 258 + 123 - 176 =$
$= (478 + 123) - (258 + 176) =$
$= 601 - 434 =$
$= 167$

b) $14\,244 + 21\,815 - 4\,199 - 20\,263 =$
$= (14\,244 + 21\,815) - (4\,199 + 20\,263) =$
$= 36\,059 - 24\,4612 =$
$= 11\,597$

c) $36{,}63 - 16{,}01 + 23{,}31 - 26{,}55 =$
$= (36{,}63 + 23{,}31) - (16{,}01 + 26{,}55) =$
$= 59{,}94 - 42{,}56 =$
$= 17{,}38$

d) $137{,}88 - 58{,}91 + 21{,}55 - 100{,}5 =$
$= (137{,}88 + 21{,}55) - (58{,}91 + 100{,}5) =$
$= 159{,}43 - 159{,}41 =$
$= 0{,}02$

Seite 11

Rechenregeln – Multiplikation und Division

1 **a)** $13 \cdot 4 \cdot 25 =$
$= 13 \cdot (4 \cdot 25) =$
$= 13 \cdot 100 =$
$= 1\,300$

b) $89 \cdot 5 \cdot 2 =$
$= 89 \cdot (5 \cdot 2) =$
$= 89 \cdot 10 =$
$= 890$

c) $5 \cdot 82 \cdot 2 =$
$= (5 \cdot 2) \cdot 82 =$
$= 10 \cdot 82 =$
$= 820$

d) $7 \cdot 125 \cdot 8 =$
$= 7 \cdot (125 \cdot 8) =$
$= 7 \cdot 1\,000 =$
$= 7\,000$

2 **a)** 368
3 680
36 800

b) 8
80
800

c) 2,75
0,275
0,0275

d) 15
1,5
0,15

3 a) 6,38
0,638
0,0638

b) 0,05
0,005
0,0005

c) 725
7 250
72 500

d) 150
1 500
15 000

4 a) 2,4

b) 6,01

Seite 13

Verbindung der vier Grundrechnungsarten

1 a) $3 + 2{,}5 \cdot 2 =$
$= 3 + 5 =$
$= 8$

b) $5{,}2 + 6 : 3 =$
$= 5{,}2 + 2 =$
$= 7{,}2$

c) $4{,}7 - 2 \cdot 1{,}5 =$
$= 4{,}7 - 3 =$
$= 1{,}7$

d) $10 : 5 + 1{,}5 \cdot 3 =$
$= 2 + 4{,}5 =$
$= 6{,}5$

e) $5{,}5 \cdot 2 + 1{,}4 \cdot 2 =$
$= 11 + 2{,}8 =$
$= 13{,}8$

f) $1{,}2 : 3 + 0{,}5 \cdot 2 =$
$= 0{,}4 + 1 =$
$= 1{,}4$

g) $3{,}8 : 2 - 0{,}2 \cdot 3 =$
$= 1{,}9 - 0{,}6 =$
$= 1{,}3$

h) $0{,}8 \cdot 7 + 1{,}5 : 3 =$
$= 5{,}6 + 0{,}5 =$
$= 6{,}1$

2 a) $4 \cdot (2{,}5 + 1{,}1) =$
$= 4 \cdot 3{,}6 =$
$= 14{,}4$

b) $(3{,}2 - 2) \cdot 2 =$
$= 1{,}2 \cdot 2 =$
$= 2{,}4$

c) $2{,}5 \cdot (6{,}2 - 2{,}2) =$
$= 2{,}5 \cdot 4 =$
$= 10$

d) $10 : (4{,}9 - 2{,}4) =$
$= 10 : 2{,}5 =$
$= 4$

e) $(8{,}3 - 5{,}2) \cdot (1{,}5 + 1{,}5) =$
$= 3{,}1 \cdot 3 =$
$= 9{,}3$

f) $(8{,}2 + 1{,}8) : (7{,}5 - 2{,}5) =$
$= 10 : 5 =$
$= 2$

g) $2 \cdot 0{,}8 + (0{,}2 + 1{,}5) \cdot 2 =$
$= 2 \cdot 0{,}8 + 1{,}7 \cdot 2 =$
$= 1{,}6 + 3{,}4 =$
$= 5$

3 a) $1{,}8 + 1{,}2 \cdot 3 - 0{,}5 =$
$= 1{,}8 + 3{,}6 - 0{,}5 =$
$= 5{,}4 - 0{,}5 =$
$= 4{,}9$

b) $(1{,}8 + 1{,}2) \cdot 3 - 0{,}5 =$
$= 3 \cdot 3 - 0{,}5 =$
$= 9 - 0{,}5 =$
$= 8{,}5$

c) $(1{,}8 + 1{,}2) \cdot (3 - 0{,}5) =$
$= 3 \cdot 2{,}5 =$
$= 7{,}5$

d) $6{,}5 - 1{,}5 : 5 + 5 =$
$= 6{,}5 - 0{,}3 + 5 =$
$= 6{,}2 + 5 =$
$= 11{,}2$

e) $(6{,}5 - 1{,}5) : 5 + 5 =$
$= 5 : 5 + 5 =$
$= 1 + 5 =$
$= 6$

f) $6{,}5 - 1{,}5 : (5 + 5) =$
$= 6{,}5 - 1{,}5 : 10 =$
$= 6{,}5 - 0{,}15 =$
$= 6{,}35$

Seite 14

Textaufgaben

1 371,2 : 29 = 12,8
81
232
0 R.

Die Fahrtkosten für ein Kind betragen 12,80 €.

2 **a)** 48,6 : 27 = 1,8
216
0 R.

Eine Eintrittskarte kostet 1,80 €.

b) 48,6 : 29 = 1,67 ~ 1,70
196
220
17 R.

Jedes Kind muss ca. 1,70 € bezahlen.

3 **a)** 20 : 1,60 =
200 : 16 = 12,5
40
80
0 R.

1 kg Käse kostet 12,50 €.

b) 4 : 12 = 0,333 ~ 0,33
40
40
40
4 R.

Ein Bleistift kostet ca. 0,33 €.

c) 0,45 t = 450 kg
160 : 450 = 0,355 ~ 0,36
1600
2500
2500
250 R.

1 kg Kohlen kostet ca. 0,36 €.

4 32 m = 3 200 cm

3 200 : 40 = 320 : 4 = 80
00
0 R.

80 · 2
160

Es werden 160 Platten benötigt.

5 225 · 1,4
900
315,0

108 · 1,6
648
172,8

1,95 · 42
780
390
81,90

315
172,80
81,90
569,70

Die Gesamteinnahmen betrugen 569,70 €.

6 139,20
140,65
279,85

279,85 : 29 = 9,65
188
145
0 R.

Der Ausflug kostet für ein Kind 9,65 €.

7 **a)** 366,60
− 70,20
296,40

296,4 : 38 = 7,8
304
0 R.

Der normale Stundenlohn beträgt 7,80 €.

b) 70,2 : 6 = 11,7
10
42
0 R.

Für eine Überstunde bekommt sie 11,70 € bezahlt.

8

34 · 2	34	31 · 3	68	161 · 14
68	− 3	93	93	644
	31		161	2254

Familie Huber bezahlt für den Urlaub 2 254 €.

9

13,34 : 1,15 =
1334 : 115 = 11,6
184
690
0 R.

9,91 : 0,84 = 991 : 84 = 11,797 ~ 11,80
151
670
820
640
52 R.

Fleischhauer: 11,60/kg

Supermarkt: 11,80/kg

Beim Fleischhauer kauft man günstiger.

10

16,5 · 70	74,2 · 140	360 · 8,9	1155
1155,0	29680	2880	10388
	10388,0	3240	3204
		3204,0	14747

Die Gesamtrechnung beträgt 14 747 €.

Seite 18

Gleichungen

	Probe:	
1 **a)** x + 5 = 7 | − 5	2 + 5 = 7	
x = 57 − 5	7 = 7	w. A.
x = 2		
b) x + 2,3 = 4,5 | − 2,3	2,2 + 2,3 = 4,5	
x = 4,5 − 2,3	4,5 = 4,5	w. A.
x = 2,2		
c) x − 5 = 1 | + 5	6 − 5 = 1	
x = 1 + 5	6 = 6	w. A.
x = 6		
d) x − 3,4 = 6,1 | + 3,4	9,5 − 3,4 = 6,1	
x = 6,1 + 3,4	6,1 = 6,1	w. A.
x = 9,5		

2 **a)** $2 + x = 12 \quad | -2$ $\qquad 2 + 10 = 12$
$x = 12 - 2$ $\qquad 12 = 12$ $\qquad$ w. A.
$x = 10$

b) $45{,}8 + x = 94{,}5 \quad | -45{,}8$ $\qquad 45{,}8 + 48{,}7 = 94{,}5$
$x = 94{,}5 - 45{,}8$ $\qquad 94{,}5 = 94{,}5$
$x = 48{,}7$ $\qquad$ w. A.

3 **a)** $x : 3 = 5 \quad | \cdot 3$ $\qquad 15 : 3 = 5$
$x = 5 \cdot 3$ $\qquad 5 = 5$ $\qquad$ w. A.
$x = 15$

b) $x : 1{,}5 = 3 \quad | \cdot 1{,}5$ $\qquad 4{,}5 : 1{,}5 = 3$
$x = 3 \cdot 1{,}5$ $\qquad 3 = 3$ $\qquad$ w. A.
$x = 4{,}5$

4 **a)** $2 \cdot x = 6 \quad | :2$ $\qquad 2 \cdot 3 = 6$
$x = 6 : 2$ $\qquad 6 = 6$ $\qquad$ w. A.
$x = 3$

b) $3 \cdot x = 18{,}3 \quad | :3$ $\qquad 3 \cdot 6{,}1 = 18{,}3$
$x = 18{,}3 : 3$ $\qquad 18{,}3 = 18{,}3$ $\qquad$ w. A.
$x = 6{,}1$

c) $4x = 24{,}8 \quad | :4$ $\qquad 4 \cdot 6{,}2 = 24{,}8$
$x = 24{,}8 : 4$ $\qquad 24{,}8 = 24{,}8$ $\qquad$ w. A.
$x = 6{,}2$

d) $5x = 1{,}05 \quad | :5$ $\qquad 5 \cdot 0{,}21 = 1{,}05$
$x = 1{,}05 : 5$ $\qquad 1{,}05 = 1{,}05$ $\qquad$ w. A.
$x = 0{,}21$

e) $\frac{x}{2} = 5 \quad | \cdot 2$ $\qquad \frac{10}{2} = 5$
$x = 5 \cdot 2$ $\qquad 5 = 5$ $\qquad$ w. A.
$x = 10$

f) $\frac{x}{3} = 1{,}2 \quad | :3$ $\qquad \frac{3{,}6}{3} = 1{,}2$
$x = 1{,}2 \cdot 3$ $\qquad 1{,}2 = 1{,}2$ $\qquad$ w. A.
$x = 3{,}6$

5 **a)** $2x + 5 = 13 \quad | -5$ $\qquad 2 \cdot 4 + 5 = 13$
$2x = 13 - 5$ $\qquad 8 + 5 = 13$
$2x = 8 \quad | :2$ $\qquad 13 = 13$ $\qquad$ w. A.
$x = 8 : 2$
$x = 4$

b) $4x - 15 = 25 \quad | +15$ $\qquad 4 \cdot 10 - 15 = 25$
$4x = 25 + 15$ $\qquad 40 - 15 = 25$
$4x = 40 \quad | :4$ $\qquad 25 = 25$ $\qquad$ w. A.
$x = 10$

c) $6x - 2{,}8 = 4{,}4 \quad | +2{,}8$ $\qquad 6 \cdot 1{,}2 - 2{,}8 = 4{,}4$

$6x = 4{,}4 + 2{,}8$ $\qquad 7{,}2 - 2{,}8 = 4{,}4$

$6x = 7{,}2$ $\qquad 4{,}4 = 4{,}4$

$x = 1{,}2$ $\qquad$ w. A.

d) $3x + 11{,}2 = 28 \quad | - 11{,}2$ $\qquad 3 \cdot 5{,}6 + 11{,}2 = 28$

$3x = 28 - 11{,}2$ $\qquad 16{,}8 + 11{,}2 = 28$

$3x = 16{,}8$ $\qquad 28 = 28$

$x = 5{,}6$ $\qquad$ w. A.

Seite 22

Größter gemeinsamer Teiler (ggT)

1 **a)** T(20) = 1, 2, 4, 5, 10, 20 **b)** T(75) = 1, 3, 5, 15, 25, 75

c) T(36) = 1, 2, 3, 4, 6, 9, 12, 18, 36 **d)** T(60) = 1, 2, 3, 4, 5, 6, 10, 12, 15, 20, 30, 60

e) T(48) = 1, 2, 3, 4, 6, 8, 12, 16, 24, 48 **f)** T(100) = 1, 2, 4, 5, 10, 20, 25, 50, 100

2 **a)** ggT(8, 12) = $2 \cdot 2 = 4$

8	$\underline{2}$		12	$\underline{2}$
4	$\underline{2}$		6	$\underline{2}$
2	2		3	3
1			1	

b) ggT(20, 25) = 5

20	2		25	$\underline{5}$
10	2		5	5
5	$\underline{5}$		1	
1				

c) ggT(12, 36) = $2 \cdot 2 \cdot 3 = 12$

12	$\underline{2}$		36	$\underline{2}$
6	$\underline{2}$		18	$\underline{2}$
3	$\underline{3}$		9	$\underline{3}$
1			3	3
			1	

d) ggT(48, 60) = $2 \cdot 2 \cdot 3 = 12$

48	$\underline{2}$		60	$\underline{2}$
24	$\underline{2}$		30	$\underline{2}$
12	2		15	$\underline{3}$
6	2		5	5
3	$\underline{3}$		1	
1				

e) ggT(50, 72) = 2

50	$\underline{2}$		72	$\underline{2}$
25	5		36	2
5	5		18	2
1			9	3
			3	3
				1

f) ggT(75, 100) = $5 \cdot 5 = 25$

75	3		100	2
25	$\underline{5}$		50	2
5	$\underline{5}$		25	$\underline{5}$
1			5	$\underline{5}$
			1	

g) ggT(30, 40) = $2 \cdot 5 = 10$

30	$\underline{2}$		40	$\underline{2}$
15	3		20	2
5	$\underline{5}$		10	2
1			5	$\underline{5}$
			1	

h) ggT(14, 15) = 1

14	2		15	2
7	7		5	5
1			1	

i) ggT(51, 17) = 17

51	3		17	17
17	17		1	
1				

Seite 24

Kleinstes gemeinsames Vielfaches (kgV)

1

a) V(3) = 3, 6, 9, 12, 15 …

b) V(15) = 15, 30, 45, 60, 75 …

c) V(10) = 10, 20, 30, 40, 50, 60 …

d) V(25) = 25, 50, 75, 100, 125, 150 …

e) V(12) = 12, 24, 36, 48, 60, 72, 84 …

f) V(75) = 75, 150, 225, 300, 375, 450 …

2

a) kgV(8, 12) = 24

8	$\underline{2}$	12	$\underline{2}$
4	$\underline{2}$	6	$\underline{2}$
2	2	3	3
1		1	

kgV = 2 · 2 · 2 · 3 = 24

b) kgV(10, 15) = 30

10	2	15	3
5	$\underline{5}$	5	$\underline{5}$
1		1	

kgV = 2 · 3 · 5 = 30

c) kgV(24, 36) = 72

24	$\underline{2}$	36	$\underline{2}$
12	$\underline{2}$	18	$\underline{2}$
6	2	9	$\underline{3}$
3	$\underline{3}$	3	3
1		1	

kgV = 2 · 2 · 2 · 3 · 3 = 72

d) kgV(14, 21) = 42

14	2	21	3
7	$\underline{7}$	7	$\underline{7}$
1		1	

kgV = 2 · 3 · 7 = 42

e) kgV(64, 30) = 960

64	$\underline{2}$	30	$\underline{2}$
32	2	15	3
16	2	5	5
8	2	1	
4	2		
2	2		
1			

kgV = 2 · 2 · 2 · 2 · 2 · 2 · 3 · 5 = 960

f) kgV(45, 54) = 270

45	$\underline{3}$	54	2
15	$\underline{3}$	27	$\underline{3}$
5	5	9	$\underline{3}$
1		3	3
		1	

kgV = 2 · 3 · 3 · 3 · 5 = 270

g) kgV(9, 15, 24) = 360

9	$\underline{3}$	15	$\underline{3}$	24	2
3	3	5	5	12	2
1		1		6	2
				3	$\underline{3}$
				1	

kgV = 2·2·2·3·3·5 = 360

h) kgV(36, 15, 21) = 1 260

36	2	15	$\underline{3}$	21	$\underline{3}$
18	2	5	5	7	7
9	$\underline{3}$	1		1	
3	3				
1					

kgV = 2·2·3·3·5·7 = 1 260

i) kgV(25, 11, 17) = 4 675

25	5	11	11	17	17
5	5	1		1	
1					

kgV = 5·5·11·17 = 4 675

Seite 26

Brucharten

1

a) $1\frac{1}{2}$	**b)** $1\frac{3}{4}$	**c)** $1\frac{3}{10}$	**d)** $1\frac{1}{5}$	**e)** $2\frac{1}{3}$
f) $1\frac{1}{10}$	**g)** $1\frac{17}{100}$	**h)** $1\frac{5}{8}$	**i)** $3\frac{1}{4}$	**j)** $6\frac{1}{2}$
k) $4\frac{1}{6}$	**l)** $3\frac{5}{9}$	**m)** $3\frac{1}{8}$	**n)** $3\frac{2}{30}$	**o)** $2\frac{19}{100}$
p) $11\frac{1}{9}$	**q)** $9\frac{1}{11}$	**r)** $2\frac{4}{15}$	**s)** $17\frac{1}{2}$	**t)** $9\frac{7}{10}$

2

a) $\frac{7}{4}$	**b)** $\frac{5}{2}$	**c)** $\frac{25}{8}$	**d)** $\frac{43}{8}$	**e)** $\frac{13}{3}$
f) $\frac{61}{8}$	**g)** $\frac{17}{5}$	**h)** $\frac{15}{8}$	**i)** $\frac{87}{10}$	**j)** $\frac{36}{7}$
k) $\frac{807}{100}$	**l)** $\frac{41}{6}$	**m)** $\frac{29}{3}$	**n)** $\frac{89}{8}$	**o)** $\frac{103}{4}$
p) $\frac{63}{20}$	**q)** $\frac{56}{9}$	**r)** $\frac{55}{7}$	**s)** $\frac{61}{12}$	**t)** $\frac{71}{8}$

3

a) 4	**b)** 2	**c)** 3	**d)** 2	**e)** 3	**f)** 4
g) 5	**h)** 8	**i)** 5	**j)** 8	**k)** 5	**l)** 10

4

a) $\frac{23}{7}$	**b)** $\frac{44}{9}$	**c)** $1\frac{2}{6}$	**d)** $\frac{24}{19}$	**e)** 2
f) $\frac{31}{12}$	**g)** $\frac{53}{10}$	**h)** 5	**i)** $3\frac{1}{6}$	**j)** $\frac{407}{100}$

Seite 28

Bruchzahlen in Bruch- und Dezimalschreibweise

1

a) 0,3	**b)** 0,37	**c)** 2,59	**d)** 1,5	**e)** 2,60
f) 0,07	**g)** 0,20	**h)** 0,001	**i)** 3,7	**j)** 5,19
k) 16,50	**l)** 2,002	**m)** 33,2	**n)** 0,08	**o)** 13,4

2

a) 0,5	**b)** 0,25	**c)** 0,75	**d)** 0,125
e) 1,125	**f)** 5,25	**g)** 3,5	**h)** 6,5
i) 0,4	**j)** 0,54	**k)** 0,12	**l)** 0,35
m) 0,2	**n)** 0,25	**o)** 0,2	**p)** 0,016

3

a) $\frac{1}{2}$	**b)** $\frac{3}{5}$	**c)** $\frac{7}{10}$	**d)** $1\frac{9}{10}$
e) $5\frac{1}{5}$	**f)** $\frac{3}{4}$	**g)** $\frac{1}{8}$	**h)** $2\frac{3}{100}$
i) $\frac{9}{100}$	**j)** $\frac{1}{20}$	**k)** $8\frac{1}{5}$	**l)** $12\frac{1}{2}$
m) $\frac{1}{100}$	**n)** $8\frac{3}{25}$	**o)** $3\frac{1}{20}$	**p)** $1\frac{17}{100}$
q) $3\frac{7}{1\,000}$	**r)** $1\frac{3}{20}$	**s)** $10\frac{3}{4}$	**t)** $2\frac{1}{8}$

4

a) $\frac{1}{3}$	**b)** $2\frac{2}{3}$	**c)** $10\frac{1}{40}$	**d)** $1\frac{5}{8}$
e) $\frac{2}{3}$	**f)** $19\frac{1}{3}$	**g)** $4\frac{3}{40}$	**h)** $2\frac{111}{200}$
i) $\frac{1}{2\,000}$	**j)** $16\frac{2}{3}$	**k)** $16\frac{3}{5}$	**l)** $12\frac{333}{2\,500}$

Seite 30

Erweitern und Kürzen

1

a) $\frac{3}{4}=\frac{6}{8}$	**b)** $\frac{2}{8}=\frac{4}{16}$	**c)** $\frac{3}{10}=\frac{30}{100}$	**d)** $\frac{17}{100}=\frac{170}{1\,000}$	**e)** $\frac{2}{3}=\frac{4}{6}$
f) $\frac{7}{8}=\frac{21}{24}$	**g)** $\frac{3}{5}=\frac{15}{25}$	**h)** $\frac{2}{9}=\frac{4}{18}$	**i)** $\frac{13}{14}=\frac{26}{28}$	**j)** $\frac{1}{25}=\frac{2}{50}$
k) $\frac{2}{7}=\frac{14}{49}$	**l)** $\frac{5}{12}=\frac{15}{36}$	**m)** $\frac{17}{20}=\frac{51}{60}$	**n)** $\frac{2}{25}=\frac{8}{100}$	**o)** $\frac{13}{50}=\frac{52}{100}$
p) $\frac{3}{19}=\frac{6}{38}$	**q)** $\frac{34}{100}=\frac{68}{200}$	**r)** $\frac{3}{12}=\frac{12}{48}$	**s)** $\frac{7}{15}=\frac{14}{30}$	**t)** $\frac{8}{15}=\frac{24}{45}$

2

a) 2	**b)** 3	**c)** 4	**d)** 100	**e)** 4
f) 8	**g)** 5	**h)** 2	**i)** 5	**j)** 2

3

a) $\frac{1}{2}$	**b)** $\frac{1}{2}$	**c)** $\frac{1}{3}$	**d)** $\frac{1}{3}$	**e)** $\frac{1}{7}$
f) $\frac{3}{4}$	**g)** $\frac{3}{5}$	**h)** $\frac{3}{4}$	**i)** $\frac{6}{7}$	**j)** $\frac{3}{4}$
k) $\frac{3}{10}$	**l)** $\frac{1}{2}$	**m)** $\frac{2}{3}$	**n)** $\frac{2}{5}$	**o)** $\frac{3}{4}$
p) $\frac{7}{9}$	**q)** $\frac{5}{8}$	**r)** $\frac{7}{16}$	**s)** $\frac{1}{10}$	**t)** $\frac{1}{4}$

4

a) 3	**b)** 4	**c)** 5	**d)** 16	**e)** 50
f) 2	**g)** 7	**h)** 10	**i)** 3	**j)** 500

Seite 32

Addition und Subtraktion von Brüchen

1

a) $\frac{5}{8}$	**b)** $\frac{6}{7}$	**c)** $\frac{9}{13}$	**d)** $1\frac{7}{9}$
e) $\frac{2}{11}$	**f)** $3\frac{1}{10}$	**g)** $3\frac{1}{4}$	**h)** $9\frac{3}{8}$

2

a) 8	**b)** $5\frac{1}{2}$	**c)** 1
d) $4\frac{1}{2}$	**e)** $4\frac{1}{2}$	**f)** $8\frac{3}{4}$
g) $16\frac{1}{2}$	**h)** $11\frac{1}{6}$	**i)** $6\frac{1}{10}$

3

a) 6 kg	**b)** $2\frac{1}{2}$ t	**c)** $4\frac{1}{2}$ h
d) $7\frac{3}{10}$ l	**e)** $2\frac{1}{4}$ kg	**f)** $9\frac{3}{4}$ m^3
g) $6\frac{1}{2}$ s	**h)** $2\frac{3}{10}$ m	**i)** $5\frac{1}{2}$ ha

(4) a) $13\frac{1}{2}$ b) $15\frac{1}{8}$ kg
c) 19 d) $25\frac{2}{5}$
e) 13 f) $12\frac{1}{4}$ m^2

(5) a) $4\frac{1}{4}$ b) $5\frac{4}{5}$
c) $3\frac{5}{8}$ d) $5\frac{1}{2}$
e) $2\frac{5}{7}$ f) $10\frac{6}{19}$

Seite 33

Addition und Subtraktion von Brüchen

(1) a) $\frac{7}{8}$ b) $3\frac{1}{2}$
c) $5\frac{1}{8}$ d) $\frac{1}{2}$
e) $3\frac{37}{100}$ f) $5\frac{1}{6}$
g) $6\frac{1}{5}$ h) $12\frac{9}{20}$
i) $4\frac{3}{4}$ j) $6\frac{2}{3}$
k) $1\frac{16}{33}$ l) $6\frac{4}{15}$
m) $7\frac{63}{100}$ n) $7\frac{4}{5}$

(2) a) $\frac{11}{12}$ b) $1\frac{1}{15}$
c) $7\frac{1}{6}$ d) $8\frac{1}{20}$
e) $11\frac{17}{56}$ f) $1\frac{13}{18}$

(3) a) $6\frac{11}{12}$ b) $3\frac{7}{12}$ c) $11\frac{11}{60}$ d) $10\frac{3}{4}$
e) $\frac{941}{1\,000}$ f) $12\frac{23}{60}$ g) $2\frac{4}{15}$ h) $8\frac{11}{20}$

Seite 35

Multiplizieren mit Brüchen

(1) a) $3\frac{3}{4}$ b) $2\frac{2}{3}$ c) $5\frac{6}{10}$ d) $1\frac{1}{7}$
e) $1\frac{1}{5}$ f) $2\frac{5}{8}$ g) $2\frac{5}{8}$ h) $4\frac{2}{7}$
i) $2\frac{2}{3}$ j) $\frac{4}{9}$ k) $\frac{18}{100}$ l) $4\frac{1}{5}$

(2) a) $2\frac{5}{8}$ kg b) $1\frac{3}{5}$ km c) $3\frac{5}{10}$ l d) $\frac{70}{100}$ s
e) $2\frac{2}{3}$ m f) $\frac{6}{10}$ t g) $7\frac{1}{5}$ kg h) 15 kg

3 a) $4\frac{1}{2}$ b) $9\frac{1}{5}$ c) $26\frac{2}{3}$ d) $8\frac{1}{7}$
e) $28\frac{6}{8}$ f) 9 g) $49\frac{4}{9}$ h) $14\frac{3}{6}$

4 a) 36 km b) 60 kg c) 64 hl d) 9 m

5 Die Rennstrecke ist 115 km lang.

6 Er ist bereits 1 600 km gefahren.

7 Der Postsack wiegt 10 $\frac{1}{8}$ kg.

Seite 36
Multiplizieren mit Brüchen

1 a) $\frac{3}{14}$ b) $1\frac{1}{20}$ c) $\frac{8}{15}$ d) $\frac{9}{40}$
e) $1\frac{11}{24}$ f) $\frac{4}{15}$ g) $\frac{12}{35}$ h) $\frac{3}{1\,000}$

2 a) $\frac{3}{10}$ b) $\frac{2}{5}$ c) $\frac{6}{7}$ d) $\frac{1}{4}$
e) $\frac{2}{7}$ f) 4 g) $\frac{1}{2}$ h) $\frac{1}{22}$
i) 6 j) 1 k) $1\frac{1}{2}$ l) $\frac{20}{21}$

3 a) $1\frac{1}{8}$ b) $1\frac{1}{10}$ c) $1\frac{2}{3}$
d) $1\frac{1}{5}$ e) $1\frac{9}{16}$ f) $\frac{16}{21}$

4 a) $3\frac{1}{3}$ b) $12\frac{4}{5}$ c) $4\frac{5}{7}$
d) $10\frac{2}{5}$ e) $11\frac{3}{7}$ f) $9\frac{7}{9}$

5 a) $\frac{5}{8}$ b) 20 c) 10 d) $6\frac{2}{5}$

Seite 38
Dividieren mit Brüchen

1 a) $\frac{1}{8}$ b) $\frac{3}{17}$ c) $\frac{4}{17}$ d) $\frac{5}{17}$
e) $\frac{2}{9}$ f) $\frac{1}{8}$ g) $\frac{1}{3}$ h) $\frac{3}{100}$

2 a) $\frac{3}{56}$ b) $\frac{1}{35}$ c) $\frac{2}{15}$ d) $\frac{1}{10}$
e) $\frac{2}{33}$ f) $\frac{2}{21}$ g) $\frac{4}{25}$ h) $\frac{1}{12}$

③ a) $2\frac{1}{10}$ b) $1\frac{1}{5}$ c) $\frac{3}{14}$
d) 4 e) $\frac{1}{4}$ f) $\frac{8}{9}$
g) $\frac{4}{15}$ h) $\frac{3}{4}$ i) $\frac{1}{4}$

④ a) $5\frac{1}{3}$ b) $7\frac{1}{2}$ c) $8\frac{2}{5}$
d) 20 e) $4\frac{1}{2}$ f) $2\frac{1}{2}$
g) $8\frac{1}{2}$ h) 27 i) 30

⑤ a) $2\frac{1}{4}$ b) $7\frac{3}{5}$
c) $\frac{28}{81}$ d) $\frac{9}{64}$
e) 3 f) $1\frac{5}{14}$
g) $\frac{8}{13}$ h) $\frac{24}{77}$
i) $2\frac{17}{23}$ j) $3\frac{47}{230}$

Seite 39

Verbindung der vier Grundrechnungsarten

① $\frac{2}{3} \cdot \frac{4}{3} - \frac{2}{3} =$
$= \frac{8}{9} - \frac{2}{3} =$
$= \frac{8}{9} - \frac{6}{9} = \frac{2}{9}$

② $1\frac{1}{2} + \frac{2}{5} \cdot \frac{3}{4} =$
$= 1\frac{1}{2} + \frac{3}{10} =$
$= 1\frac{5}{10} + \frac{3}{10} = 1\frac{8}{10} = 1\frac{4}{5}$

③ $\frac{2}{5} : \frac{1}{2} + \frac{2}{3} =$
$= \frac{2}{5} \cdot \frac{2}{1} + \frac{2}{3} =$
$= \frac{4}{5} + \frac{2}{3} =$
$= \frac{12}{15} + \frac{10}{15} = \frac{22}{15} = 1\frac{7}{15}$

④ $\left(\frac{2}{7} + \frac{3}{7}\right) \cdot 2 =$
$= \frac{5}{7} \cdot 2 =$
$= \frac{10}{7} = 1\frac{3}{7}$

⑤ $\left(1\frac{1}{2} + \frac{2}{5}\right) \cdot 10 =$
$= \left(1\frac{5}{10} + \frac{4}{10}\right) \cdot 10 =$
$= 1\frac{9}{10} \cdot 10 =$
$= \frac{19}{10} \cdot 10 = 19$

⑥ $\left(\frac{2}{3} + \frac{1}{2}\right) \cdot 7 =$
$= \left(\frac{4}{6} + \frac{3}{6}\right) \cdot 7 =$
$= \frac{7}{6} \cdot 7 =$
$= \frac{49}{6} = 8\frac{1}{6}$

⑦ $\left(\frac{1}{2} + 3\frac{1}{2}\right) \cdot \left(2\frac{1}{3} + \frac{1}{3}\right) =$
$= 4 \cdot 2\frac{2}{3} =$
$= 8\frac{8}{3} = 10\frac{2}{3}$

⑧ $\left(\frac{2}{3} + \frac{1}{4}\right) \cdot \left(1\frac{1}{2} + \frac{3}{4}\right) =$
$= \left(\frac{8}{12} + \frac{3}{12}\right) \cdot \left(2\frac{2}{4} + \frac{3}{4}\right) =$
$= \frac{11}{12} \cdot 1\frac{5}{4} =$
$= \frac{11}{12} \cdot \frac{9}{4} =$
$= \frac{33}{16} = 2\frac{1}{16}$

⑨ $\left(4\frac{1}{3} + 2\frac{1}{2}\right) : \left(1 + \frac{1}{2}\right) =$
$= \left(4\frac{2}{6} + 2\frac{3}{6}\right) : \left(1 + \frac{1}{2}\right) =$
$= 6\frac{5}{6} : 1\frac{1}{2} =$
$= \frac{41}{6} : \frac{3}{2} =$
$= \frac{41}{6} \cdot \frac{2}{3} =$
$= \frac{41}{9} = 4\frac{5}{9}$

Seite 41

Schlussrechnungen im direkten Verhältnis

Einheit auf Mehrheit – Mehrheit auf Einheit

(1) 2,5 kg Äpfel kosten 4,25 €.

(2) Es sind 476 € zu bezahlen.

(3) Er braucht $1\frac{1}{2}$ h.

(4) Man könnte 10 h 24 min Musik hören.

(5) Es können maximal 5 760 kg Gepäck eingeladen werden.

(6) Ein Liter Benzin kostet 0,90 €.

(7) Eine Minute Gesprächszeit kostet 1,10 €.

(8) Das Grundstück kostet 52 080 €.

(9) Die Studiokosten betragen 12 600 €.

(10) Vier Personen benötigen ebenfalls 2,5 h. *Scherzaufgabe!*

Seite 42

Schlussrechnungen im direkten Verhältnis

Mehrheit auf Mehrheit

(1) 3 Dosen kosten 3,90 €.

(2) Man muss 25,33 l tanken.

(3) In 9 Säcken sind 450 kg Reis enthalten.

(4) Man muss 16 kg Samen berechnen.

(5) Für 0,4 kg Fleisch bezahlt man 2,50 €.

(6) Es können 96 Anzüge hergestellt werden.

(7) 10 LKW könnten 74,5 t Schotter transportieren.

(8) Der Teppichboden kommt auf 230 €.

(9) 4 l Speiseöl kosten 8 €.

(10) **a)** 50 Glühbirnen ergeben eine Leistung von 3 000 W.
b) Es ergibt sich eine Leistung von 2 880 W.

Seite 44
Schlussrechnungen im indirekten Verhältnis

(1) 8 Pferde kämen 3 Tage aus.

(2) Das Schwimmbecken könnte in 4,4 h gefüllt werden.

(3) 1 LKW müsste 35-mal fahren.

(4) **a)** 6 Personen kämen 15 Tage aus.
b) 3 Personen könnten 30 Tage auskommen.

(5) Herr und Frau Huber könnten 35 Tage Urlaub machen.

(6) 4 Arbeiter würden 2 h brauchen.

(7) **a)** Man benötigt 12 Päckchen.
b) Man benötigt 6 Päckchen.
c) Man benötigt 4 Päckchen.
d) Man benötigt 24 Päckchen.

(8) Man könnte 36 Stück abschneiden.

(9) Es hätten 8 Stufen gebaut werden müssen.

(10) Ein Wanderer käme 81 Tage aus.

Seite 45
Vermischte Aufgaben

(1) Das Heft ist 3 mm dick.

(2) Man würde 2 h brauchen.

(3) Seine mittlere Geschwindigkeit beträgt 54 km/h.

(4) 45 l Benzin kosten 44,10 €.

(5) In 20 Minuten laufen 28 800 Bilder ab.

(6) 5 Schneepflüge könnten die Arbeit in 9 h erledigen.

(7) Die Durchfahrt dauert 14 min.

(8) **a)** Er würde 275 l Milch erhalten.
b) Er müsste 33 Kühe halten.

(9) In einer Reihe befinden sich 20 PKW.

(10) **a)** Sie könnte 141 km zurücklegen.
b) Sie würde 4 h brauchen.

Seite 48

Prozentrechnungen

(1)

a) 1 = 100 %	**b)** $\frac{1}{2}$ = 50 %	**c)** $\frac{1}{4}$ = 25 %	**d)** $\frac{3}{4}$ = 75 %	**e)** $\frac{1}{10}$ = 10 %
f) $\frac{3}{5}$ = 60 %	**g)** $\frac{1}{100}$ = 1 %	**h)** 2 = 200 %	**i)** $\frac{1}{5}$ = 20 %	**j)** $\frac{1}{20}$ = 5 %

(2)

a) 20 €	**b)** 90 l	**c)** 100 kg
d) 52 m	**e)** 600 t	**f)** 15 ha
g) 1,5 km	**h)** 0,1 t = 100 kg	**i)** 2,5 cm
j) 120 m	**k)** 480 €	**l)** 15 kg
m) 27 m	**n)** 450 l	**o)** 6 €

(3)

a) 50 %	**b)** 10 %	**c)** 1 %
d) 25 %	**e)** 25 %	**f)** 75 %
g) 50 %	**h)** 25 %	**i)** 75 %
j) 25 %	**k)** 10 %	**l)** 50 %
m) 50 %	**n)** 40 %	**o)** 20 %
p) 5 %	**q)** 10 %	**r)** 0,5 %

(4)

a) 10 % sind 3 € 100 % … 30 €	**b)** 25 % sind 80 l 100 % … 320 l	**c)** 50 % sind 11 kg 100 % … 22 kg
d) 75 % sind 600 € 100 % … 800 €	**e)** 1 % sind 40 km 100 % … 4 000 km	**f)** 25 % sind 1,5 t 100 % … 6 t

Seite 49

Textaufgaben

(1) **a)** Es müssen 140 € angezahlt werden.
b) Es müssen noch 560 € bezahlt werden.

(2) **a)** 10,08 ha Wald
30,24 ha Felder
15,68 ha Wiesen

b)

(3) Der neue Preis beträgt 276 €.

(4) Es mussten 1 505 kg Äpfel weggeworfen werden.

(5) **a)** Lieblingsfach:
ME … 1 220 Schüler
M … 240 Schüler
GZ … 280 Schüler
Physik … 260 Schüler

b)

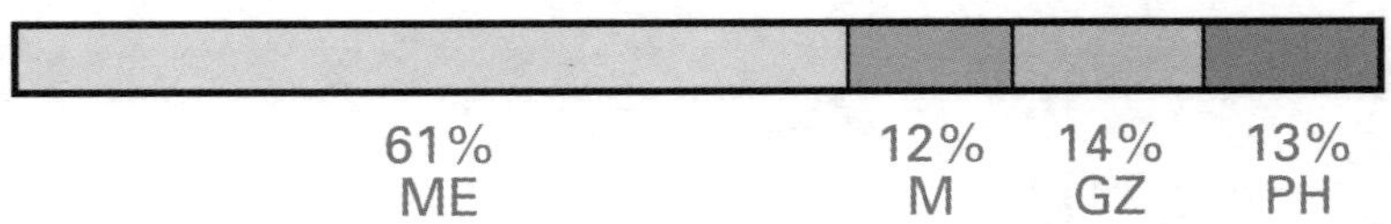

(6) Der Bruttopreis beträgt 17 880 €.

(7) Peter hat 32,85 € gespart.

(8) **a)** Er bekommt 9,80 € an Zinsen.
b) Nach einem Jahr kann er 289,80 € abheben.

(9) **a)** Es sind 84 Frauen beschäftigt.
b) Es sind 156 Männer beschäftigt.

(10) **a)** In dieser Stadt leben 26 820 Männer, 24 585 Frauen und 23 095 Kinder.

b)

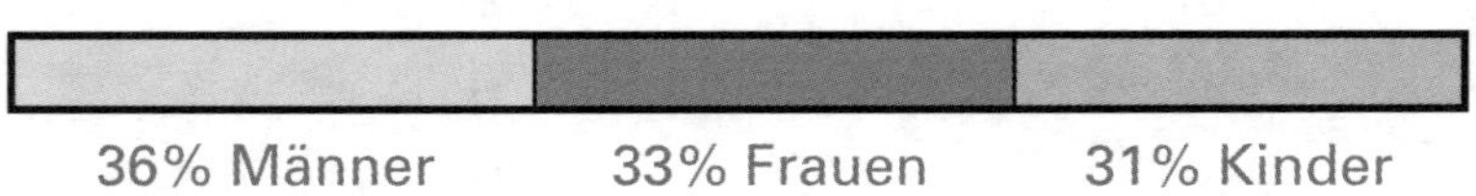

Seite 50

Berechnung des Grundwerts

(1) **a)**

50%	100%
16 €	32 €
350 m	700 m
900 kg	1 800 kg
2,5 ha	5 ha
16,3 kg	32,6 kg

b)

25%	100%
14 m	56 m
250 €	1 000 €
26 kg	104 kg
0,5 t	2 t
22 l	88 l

c)

10%	100%
380 €	3 800 €
0,2 km	2 km
39 kg	390 kg
0,24 km	2,4 km
1,5 m	15 m

d)

1 %	100 %
16 €	1 600 €
0,9 m	90 m
200 €	20 000 €
3,6 hl	360 hl
2 ha	200 ha

e)

5 %	100 %
6 km	120 km
50 €	1 000 €
1,5 kg	30 kg
0,2 t	4 t
80 km	1 600 km

f)

75 %	100 %
60 €	80 €
93 m	124 m
1,5 kg	2 kg
1 200 €	1 600 €
0,3 m	0,4 m

(2) Das Fahrrad kostet 360 €.

(3) Werner bekommt monatlich 25 € Taschengeld.

(4) Der Wagen kostete bisher 12 300 €.

(5) Der alte Preis war 600 €.

Seite 51

Berechnung des Prozentsatzes

(1) Das sind ca. 24,7 %.

(2) 4a: 5 Kinder sind 25 %.
4b: 7 Schüler sind ca. 29,2 %.
4c: 6 Schüler sind 20 %.

Die 4b ist die beste Klasse in Mathematik.

(3) Das sind 15 %.

(4) Herr Meier spart monatlich 20 %.

(5) Die Zeitersparnis beträgt 20 %.

(6) Peter hat einen Zinssatz von 3,5 % bekommen.

(7) **a)** 20 % Mais
25 % Kartoffeln
55 % Obst

b)

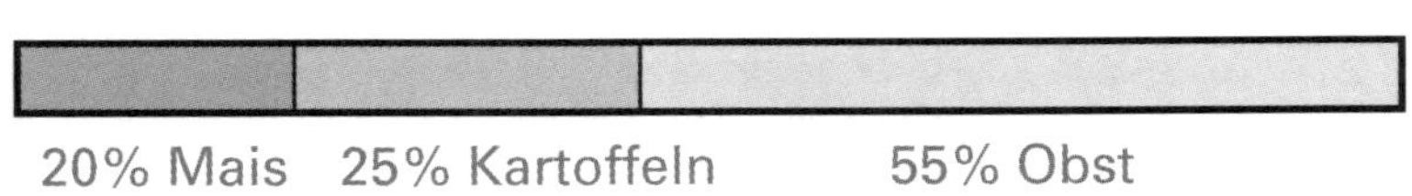

(8) Die Preissenkung beträgt 30 %.

(9) **a)** 39,7 % Männer
32,2 % Frauen
28,1 % Kinder

b)

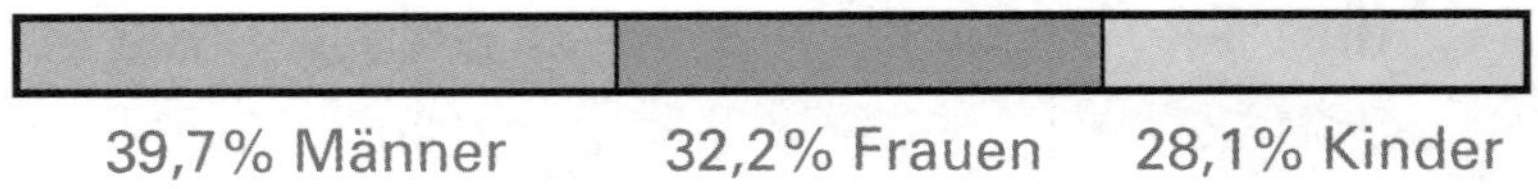

(10) **a)** Kandidat A: 33 %
Kandidat B: 44 %
Kandidat C: 23 %

b)

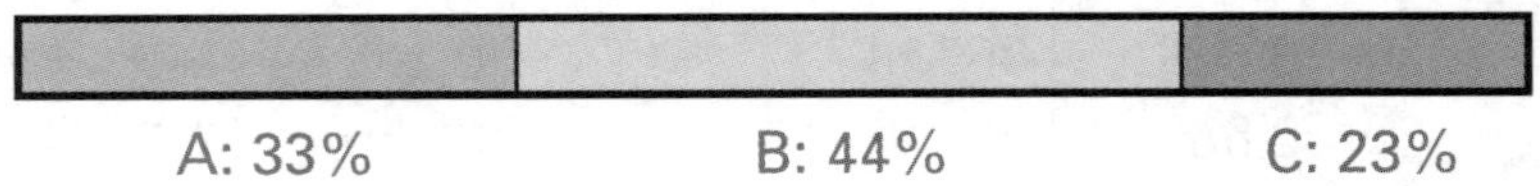

Geometrie

Im Geometrie-Teil sind einige Zeichnungen aus Platzgründen verkleinert dargestellt.

Seite 53

Umfang, Flächeninhalt und Konstruktion von Rechteck und Quadrat – Umkehraufgaben

(1) $u = 15$ cm $A = 12{,}96$ cm²

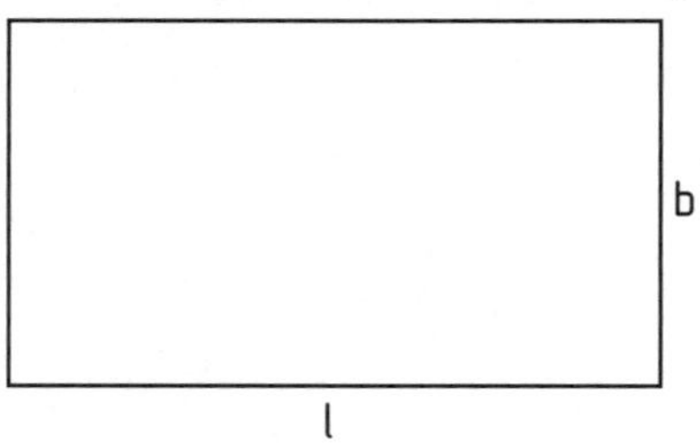

(2) $u = 12{,}8$ cm $A = 10{,}24$ cm²

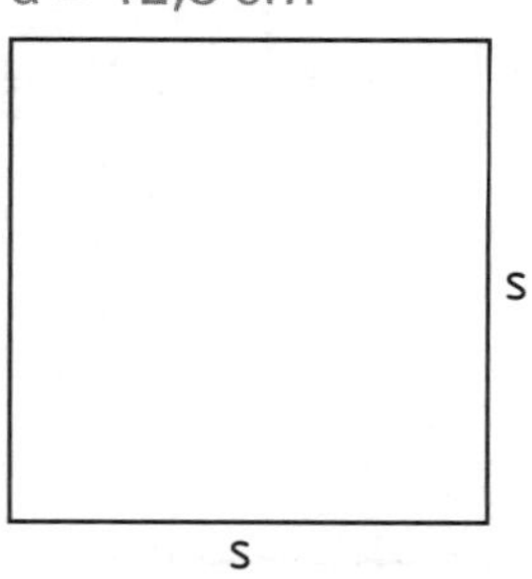

(3) $u = 16{,}2$ cm $A = 11{,}78$ cm²

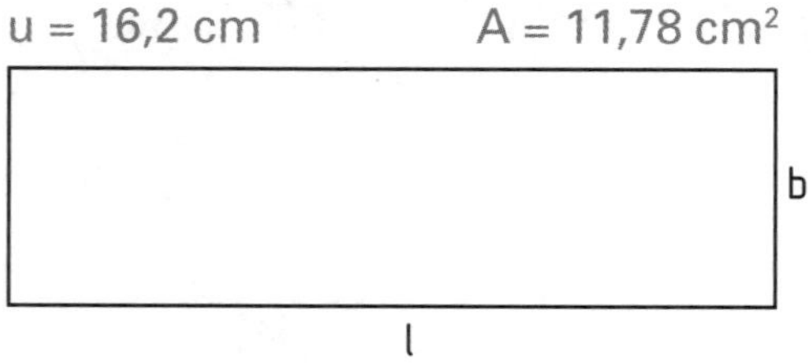

(4) $s = 2{,}7$ cm $A = 7{,}29\ cm^2$

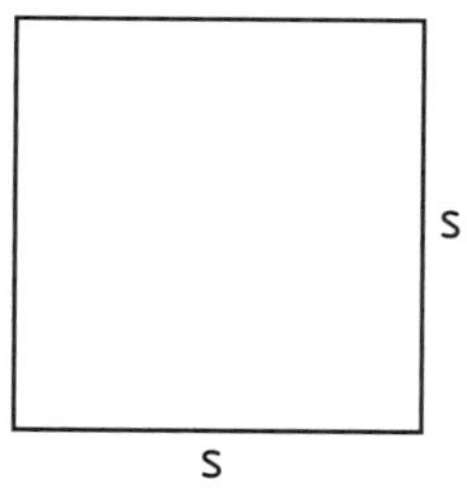

(5) $b = 2{,}4$ cm $u = 15{,}2$ cm

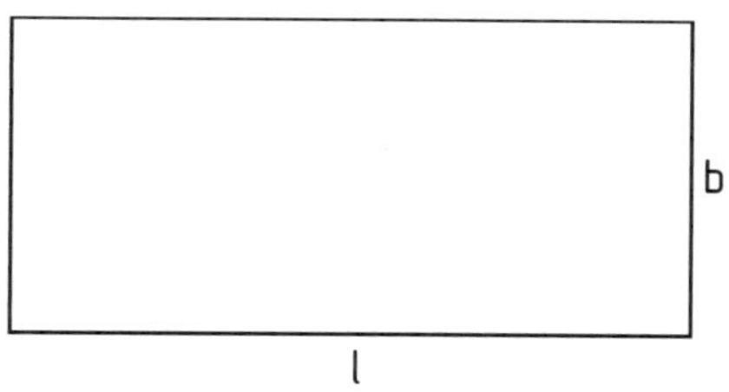

(6) $l = 6{,}1$ cm $A = 14{,}03\ cm^2$

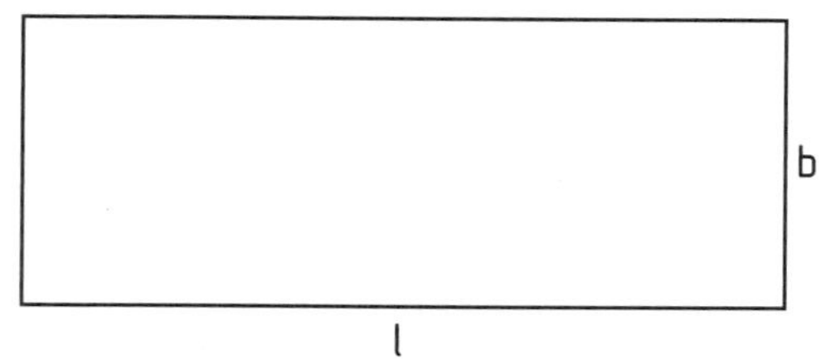

Seite 54

Textaufgaben

(1) Man benötigt 112 m Zaun.

(2) Er benötigt mindestens 3,375 m^2 Holz.

(3) Es sind mindestens 4,28 m Borte notwendig.

(4) Das Grundstück misst 4 624 m^2.

(5) Der gesamte Zaun kostet 3 795 €.

(6) Eine Seitenlänge misst 45 cm.

(7) Man benötigt 12,47 m^2 Teppich.

(8) Der Bauer braucht 45,36 kg Samen.

(9) Das Grundstück kostet 93 150 €.

(10) Es müssen 50 m Gehsteig angelegt werden.

(11) Man benötigt 35 000 Pflastersteine.

(12) Es sind mindestens 3 Tapetenrollen notwendig.

Seite 56

Das rechtwinklige Koordinatensystem

(1)

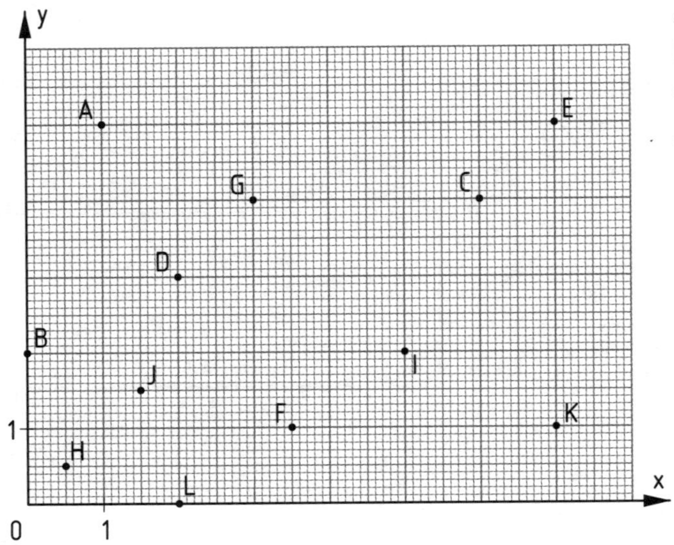

A (1|5)	B (0|2)	C (6|4)
D (2|3)	E (7|5)	F (3,5|1)
G (3|4)	H (0,5|0,5)	I (5|2)
J (1,5|1,5)	K (7|1)	L (2|0)

(2) **a)** Rechteck:
A (1|0)
B (5|0)
C (5|3)
D (1|3)

b) Dreieck:
E (6|1)
F (2|6)
G (0|0)

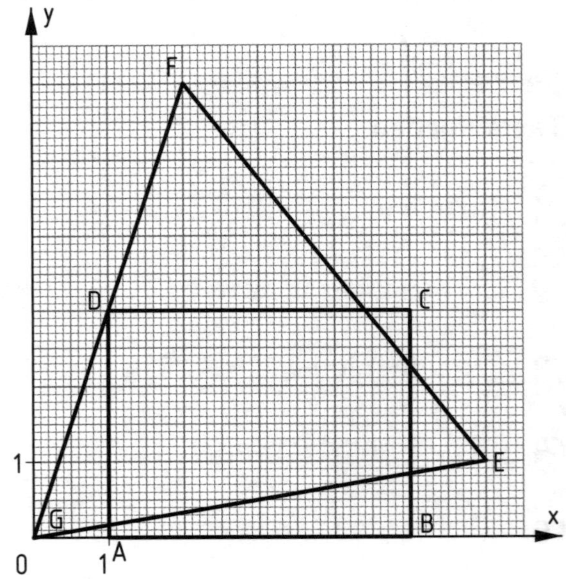

(3) A (6|3) B (4|5) M (4|3)
C (2|3) D (4|1)

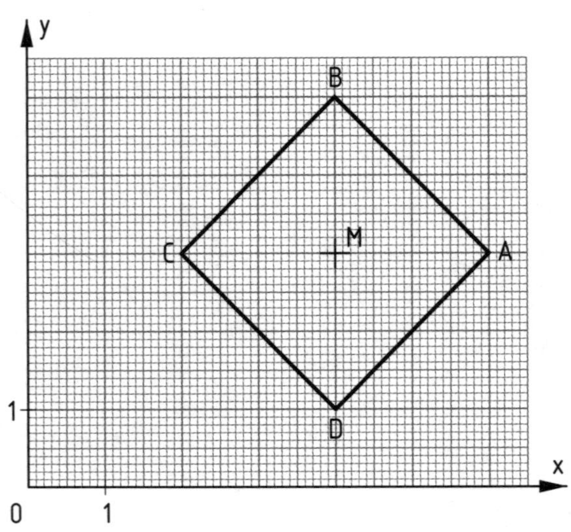

(4)
A (0|5)
B (0|0)
C (1|0)
D (1|2)
E (2|2)
F (2|3)
G (1|3)
H (1|4)
I (3|4)
J (3|5)

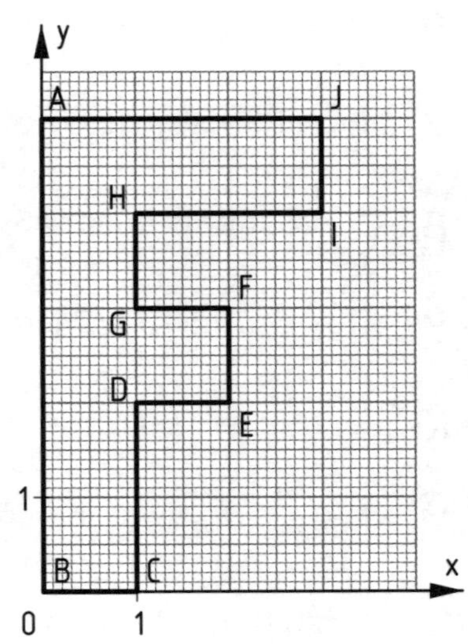

Seite 58
Symmetrie

1

a)

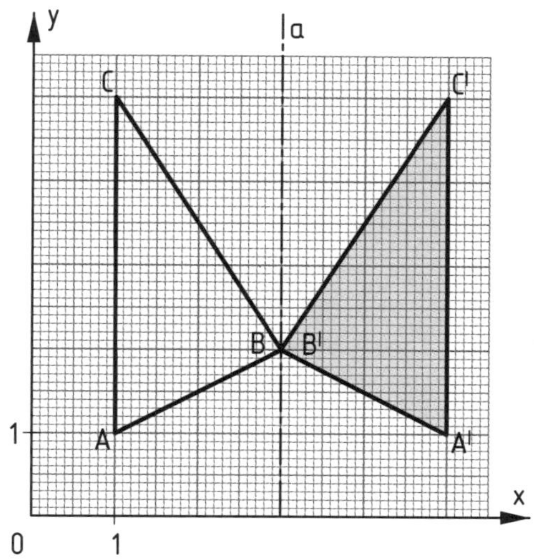

A′ (5|1) B′ (3|2) C′ (5|5)

b)

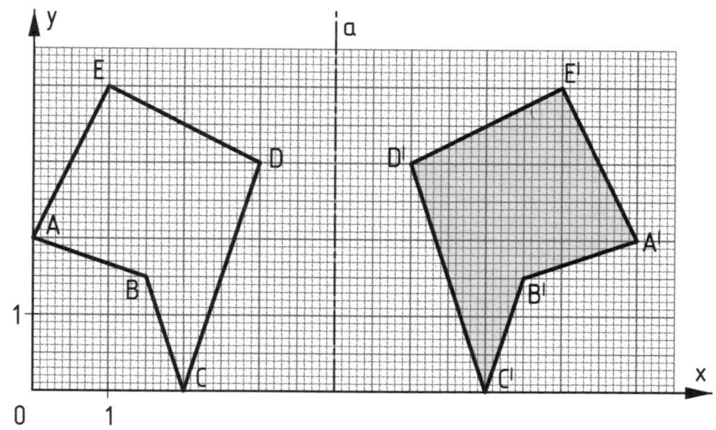

A′ (8|2) B′ (6,5|1,5) C′ (6|0) D′ (5|3) E′ (7|4)

2

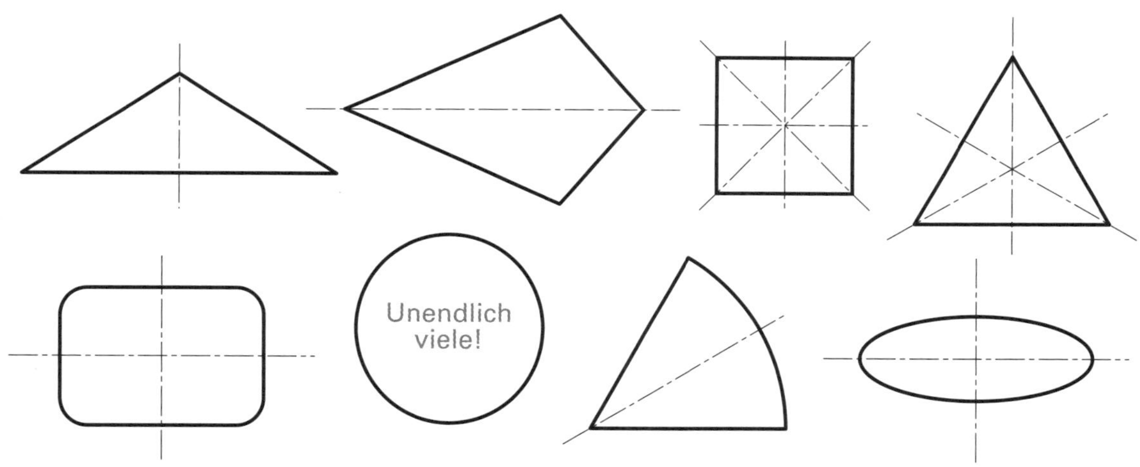

3 **a)** Dreieck: A (0|0) B (3|1) C (1|4)

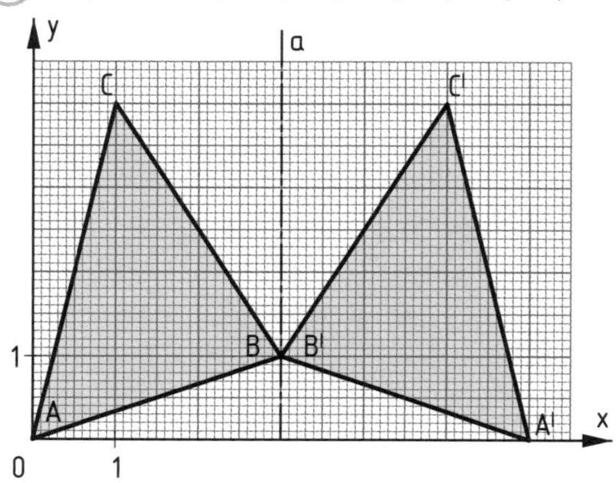

A′ (6|0) B′ (3|1) C′ (5|4)

b) Quadrat: A (3|3) B (1|4) C (0|2) D (2|1)

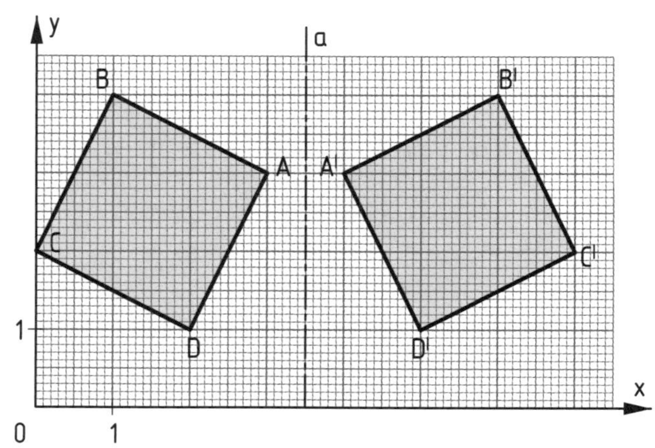

A′ (4|3) B′ (6|4) C′ (7|2) D′ (5|1)

Seite 60
Winkelarten – Winkelmessen

(1) $\alpha = 35°$ spitzer Winkel

(2) $\beta = 85°$ spitzer Winkel

(3) $\gamma = 115°$ stumpfer Winkel

(4) $\delta = 56°$ spitzer Winkel

(5) $\epsilon = 136°$ stumpfer Winkel

(6) $\alpha = 316°$ erhabener Winkel

(7) $\beta = 180°$ gestreckter Winkel

(8) $\gamma = 200°$ erhabener Winkel

(9) $\delta = 90°$ rechter Winkel

(10) $\epsilon = 20°$ spitzer Winkel

Seite 62
Winkelmaße

(1) **a)** $12° = 720'$ **b)** $240' = 4°$ **c)** $2\frac{1}{2}° = 150'$ **d)** $3\,000' = 50°$

(2) **a)** $84°\,30' = 84{,}5°$ **b)** $45' = 0{,}75°$ **c)** $32°\,15' = 32{,}25°$ **d)** $70°\,36' = 70{,}6°$

(3) **a)**
$$\begin{array}{r} 125°\,30' \\ +\ 45°\,40' \\ \hline 171°\,10' \end{array}$$

b)
$$\begin{array}{r} 73°\,35' \\ -\ 12°\,15' \\ \hline 61°\,20' \end{array}$$

c)
$$\begin{array}{r} 245°\,45' \\ +\ 14°\,15' \\ \hline 260° \end{array}$$

d)
$$\begin{array}{r} 81°\,17' \\ -\ 25°\,35' \\ \hline 55°\,42' \end{array}$$

e)
$$\begin{array}{l} 15°\,25' \cdot 2 \\ \hline 30°\,50' \end{array}$$

f)
$$\begin{array}{l} 43°\,12' \cdot 5 \\ \hline 216° \end{array}$$

(4) **a)** 145° **b)** 102° 45′ **c)** 30° **d)** 57° 15′

Seite 64

Streckensymmetrale – Winkelsymmetrale

1

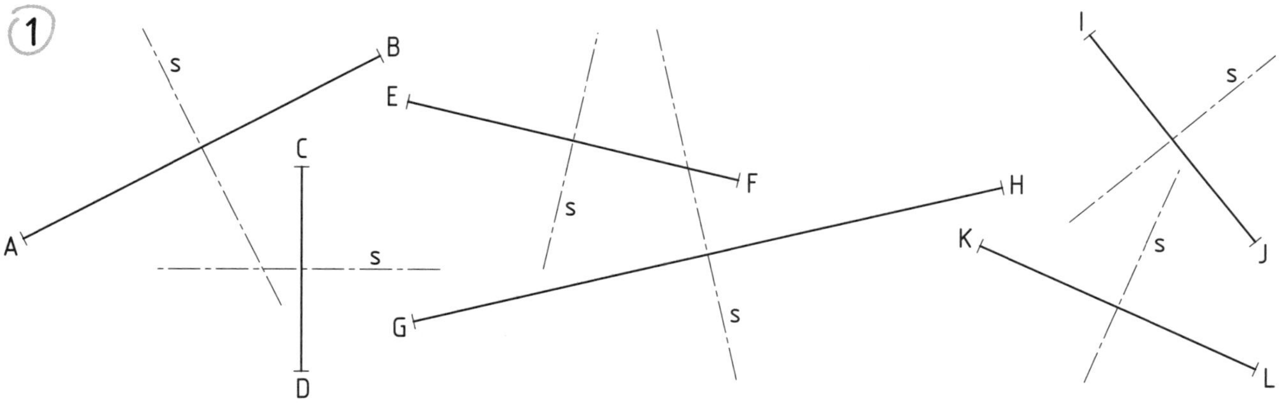

2

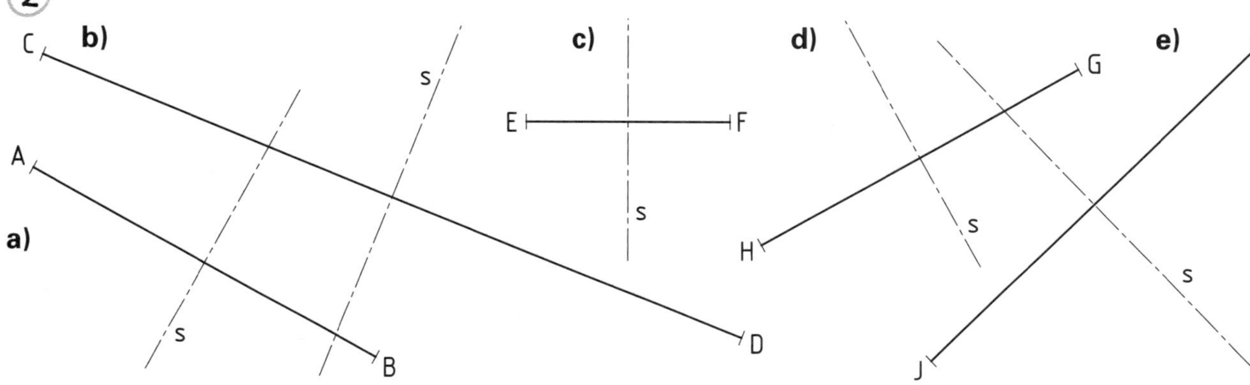

3

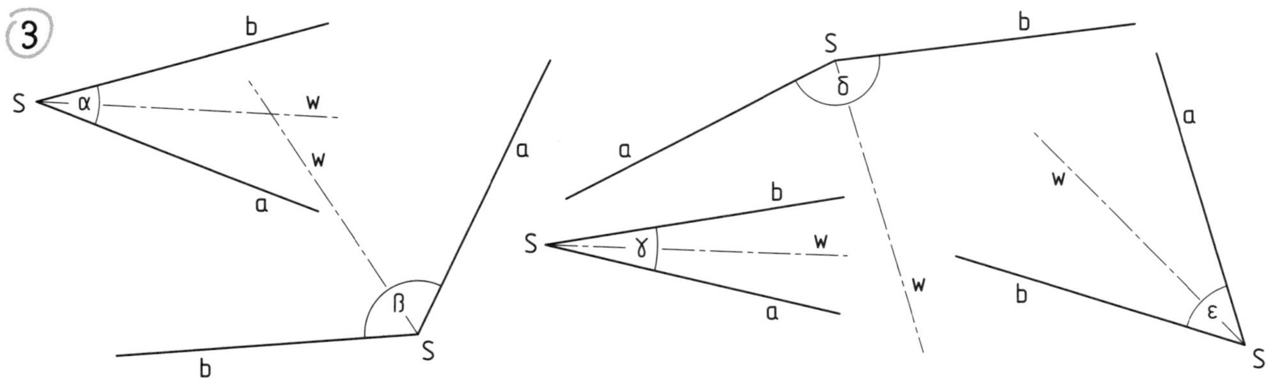

4

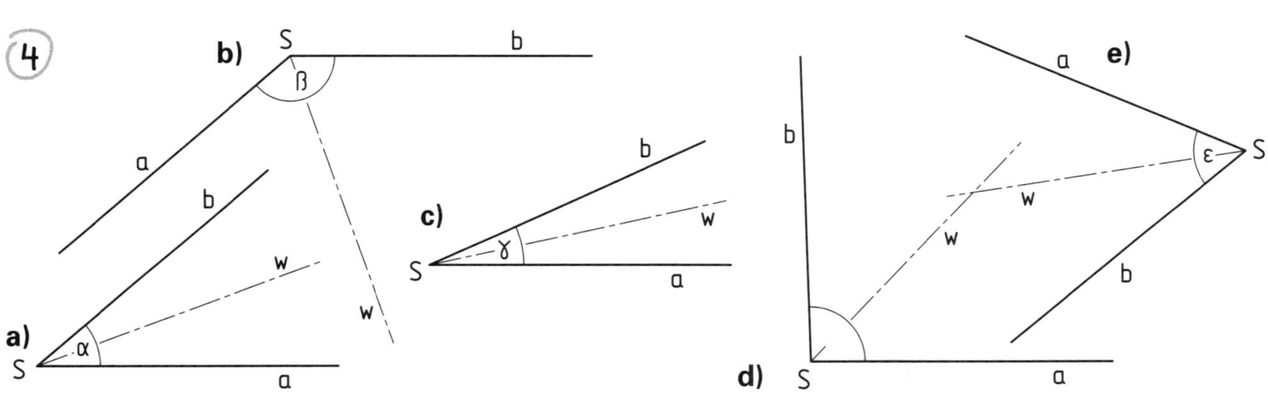

Seite 68
Konstruktion von Dreiecken

1 **a)**

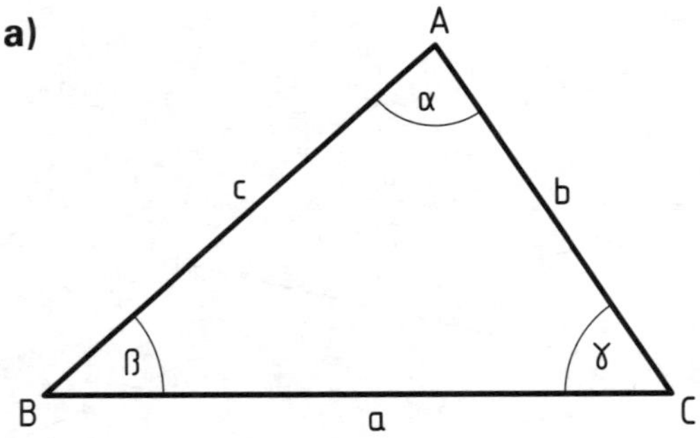

b)

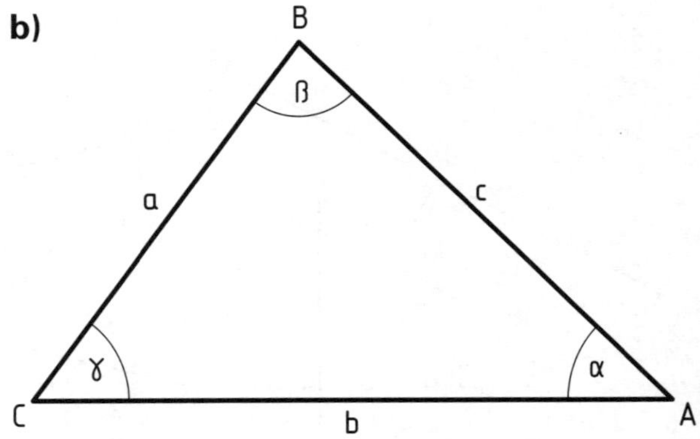

2 **a)**

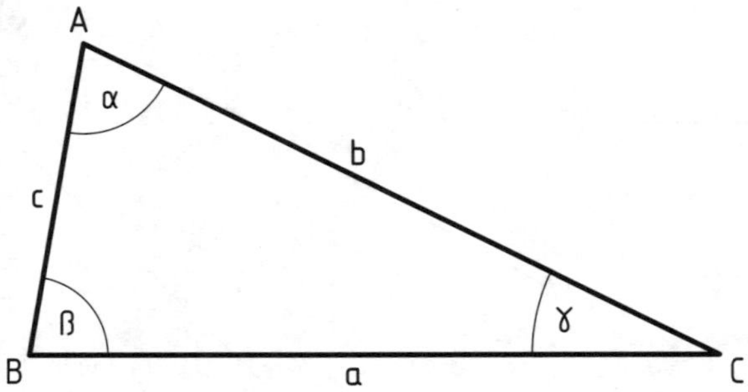

b)

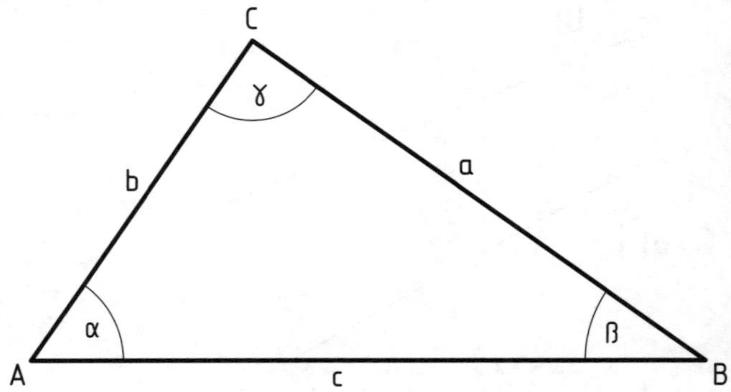

3 **a)**

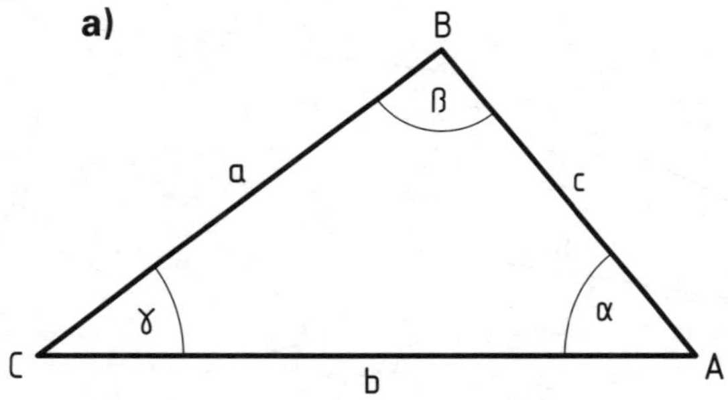

b)

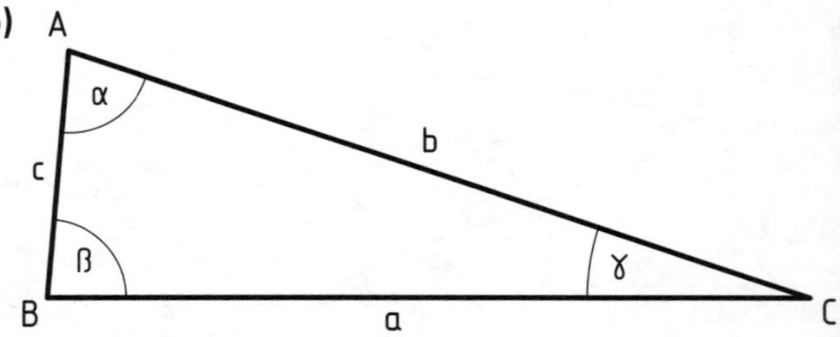

4 **a)** $\gamma = 180° - (45° + 72°)$

$\gamma = 180° - 117°$

$\gamma = 63°$

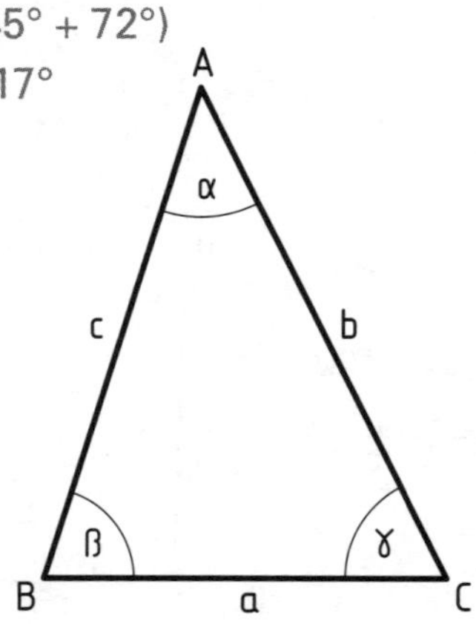

b) Nicht lösbar, weil b + c < a!

Seite 70

Konstruktion von besonderen Dreiecken

1 a)

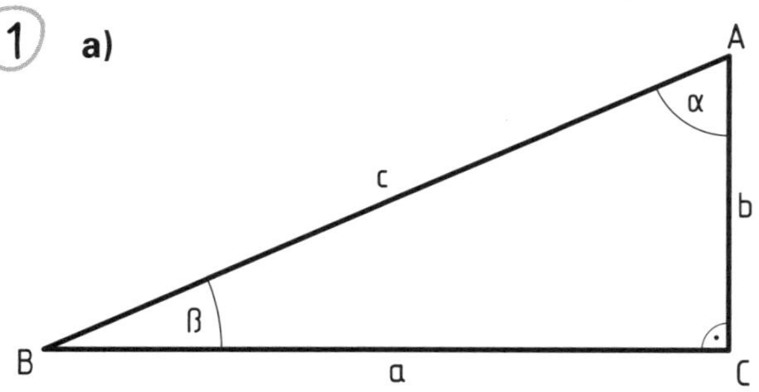

b)

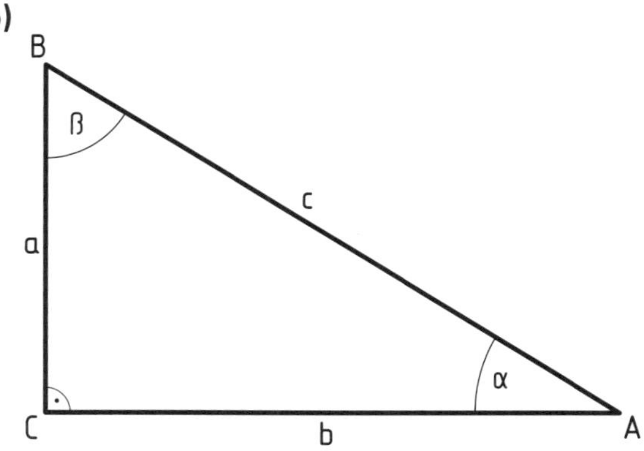

2 a) b = 60 mm

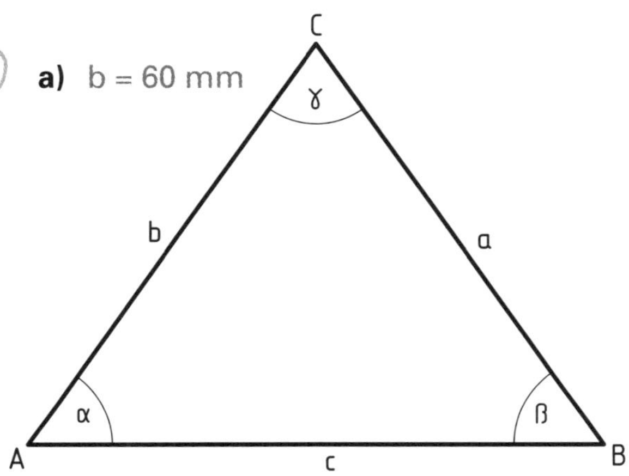

b) β = 65°

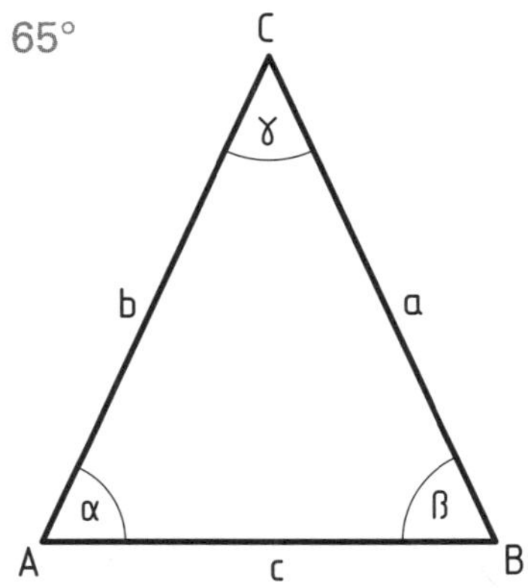

3 a = 5,2 cm
c = 5,2 cm

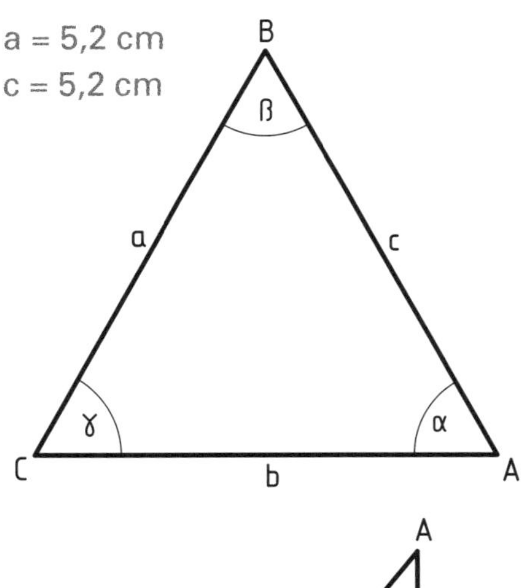

4 $\alpha = \beta$ $\alpha + \beta + \gamma = 180°$
$\alpha + \beta = 80°$
$\alpha = 40°, \beta = 40°$

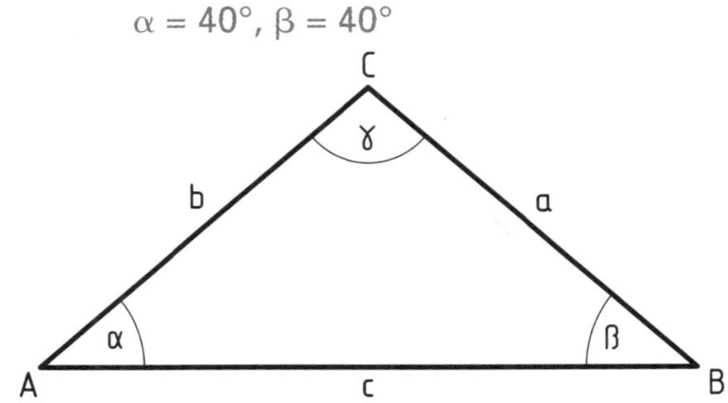

5 β = 50°

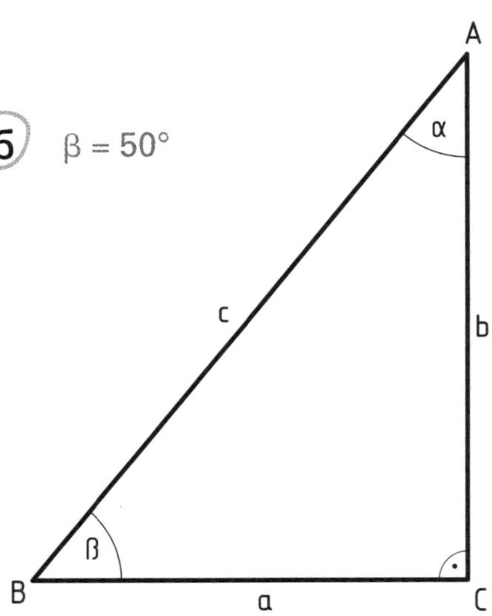

6 Thaleskreis!

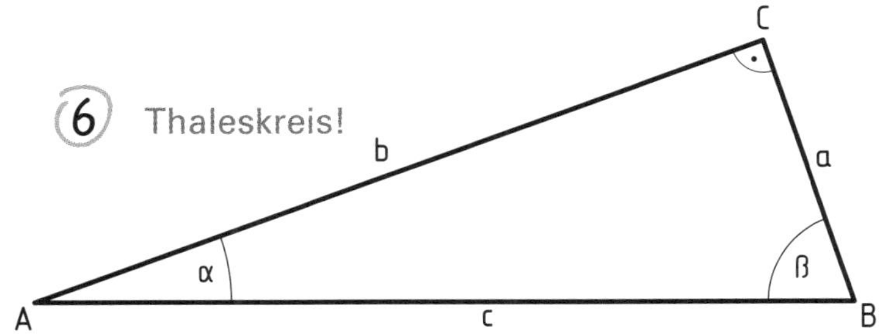

Seite 73

Die merkwürdigen Punkte des Dreiecks

1 a)

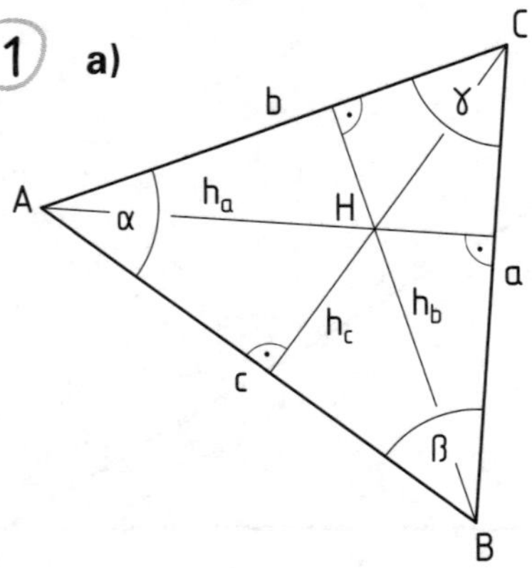

b)

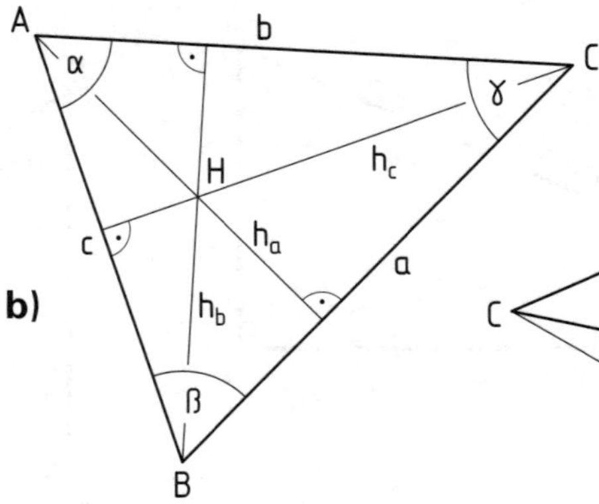

c)

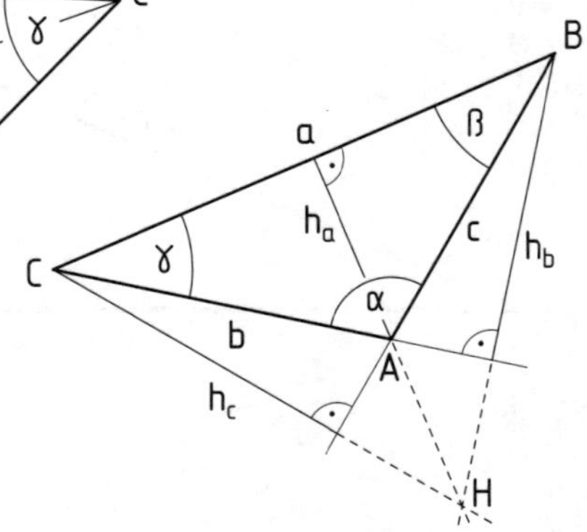

2 a)

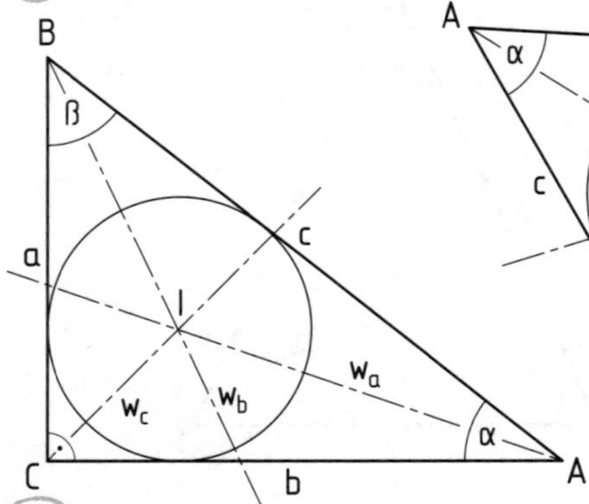

b)

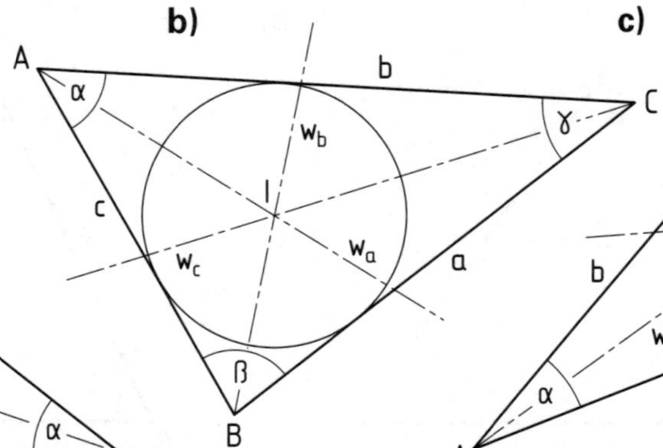

c)

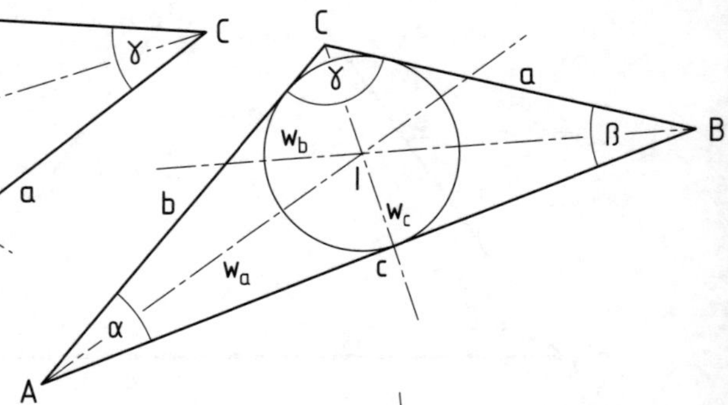

3 a)

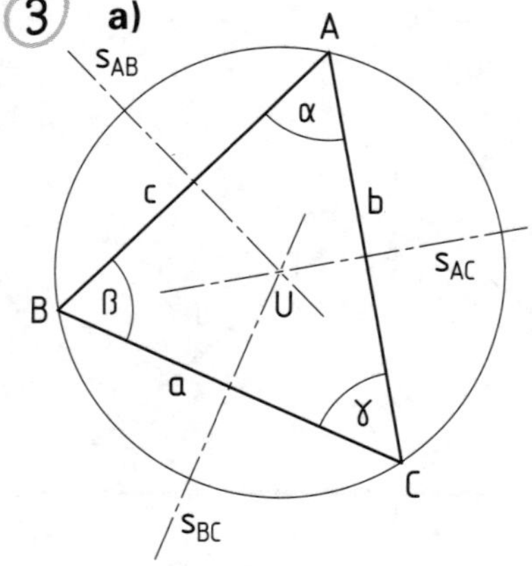

b)

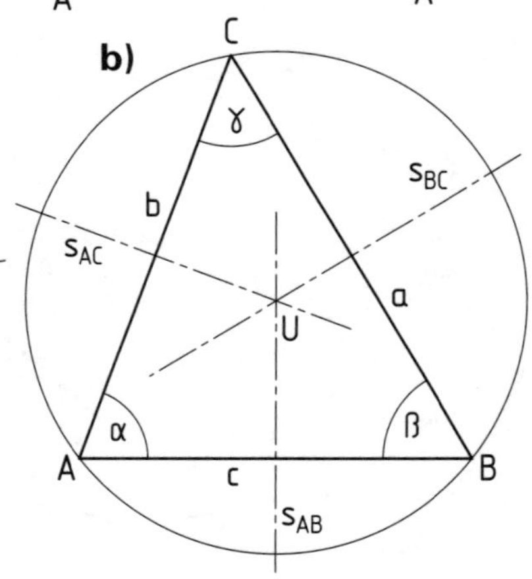

c)

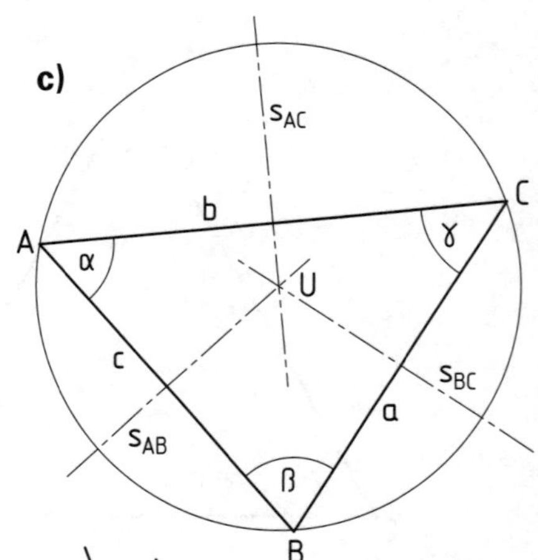

4 a)

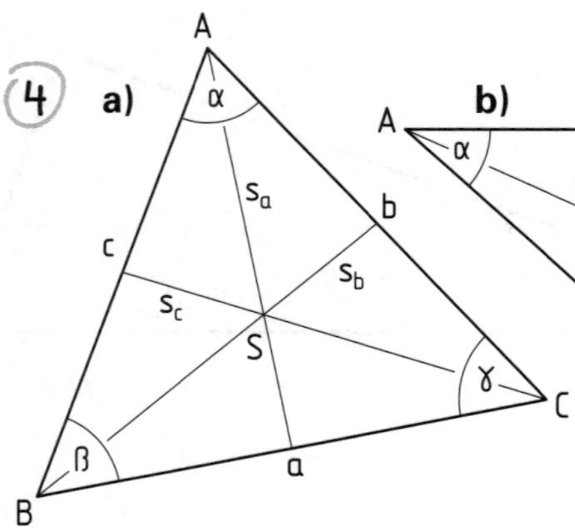

b)

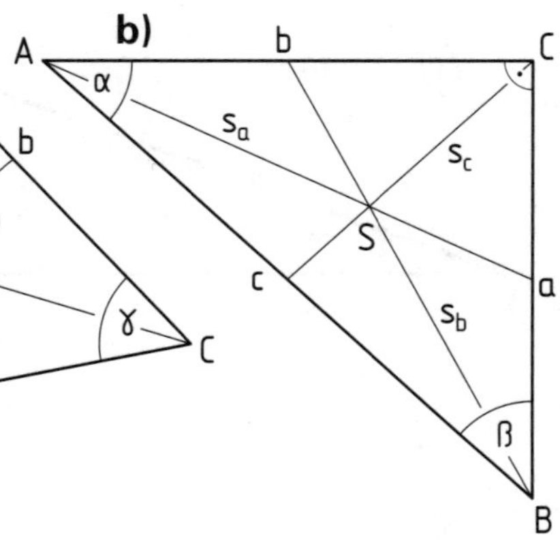

5

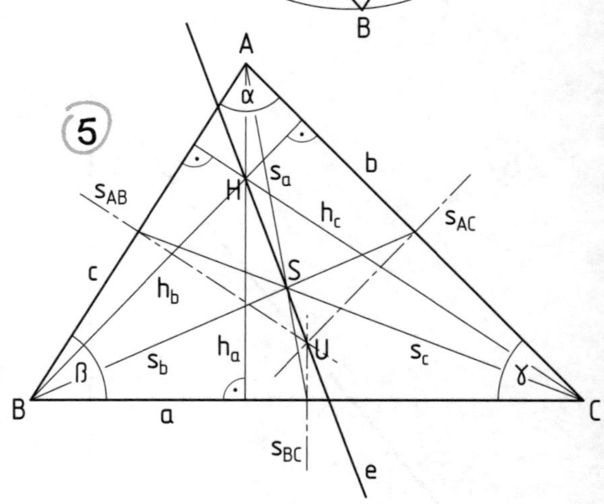

Seite 75

Flächeninhalt von rechtwinkligen Dreiecken

1

	a)	b)	c)	d)	e)	f)	g)
a	17 cm	3,7 dm	95 mm	200 mm	1,5 m	0,4 m	25 mm
b	8 cm	1,3 dm	16 mm	67 mm	30 cm	3 dm	$\frac{1}{2}$ m
A	68 cm²	2,405 dm²	760 mm²	6 700 mm²	2 250 cm²	6 dm²	6 250 mm²

2

	a)	b)	c)
a	8 m	6,25 cm	24 mm
b	5 m	4,8 cm	19 mm
A	20 m²	15 cm²	228 mm²

3

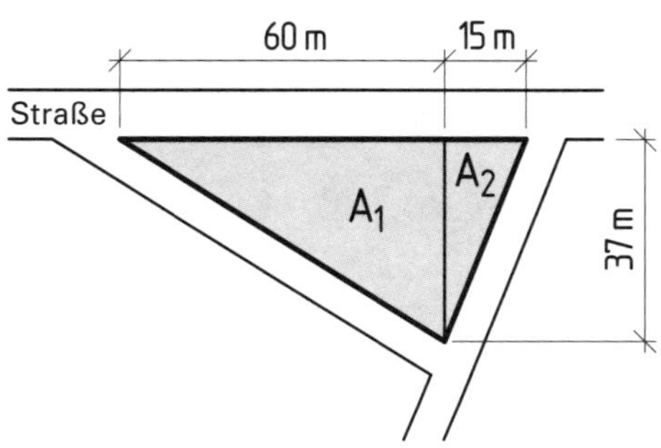

$A_1 = 1\,110$ m²
$A_2 = 277{,}5$ m²
$A = 1\,387{,}5$ m²

4

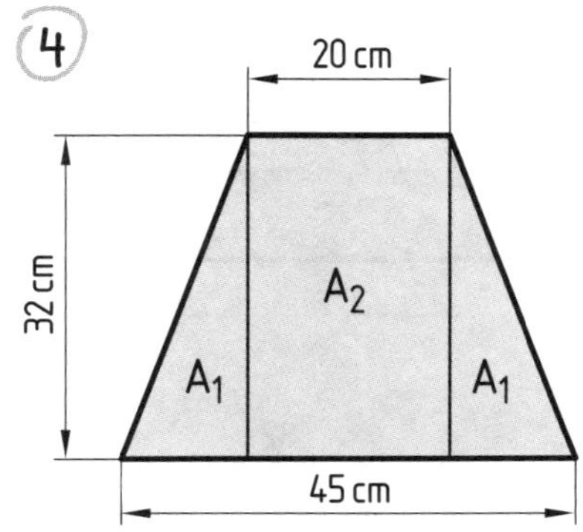

$2 \cdot A_1 = 400$ cm²
$A_2 = 640$ cm²
$A = 1\,040$ cm²

Seite 76

Zusammengesetzte Flächen

1 $A_1 = 561{,}45$ cm²
$A_2 = 620$ cm²
$A = 1\,181{,}45$ cm²

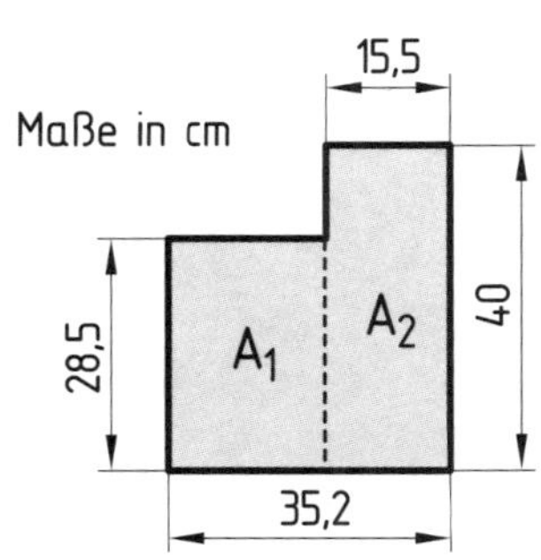

2 $A_1 = 2\,025$ mm²
$A_2 = 132{,}25$ mm²
$A = 1\,892{,}75$ mm²

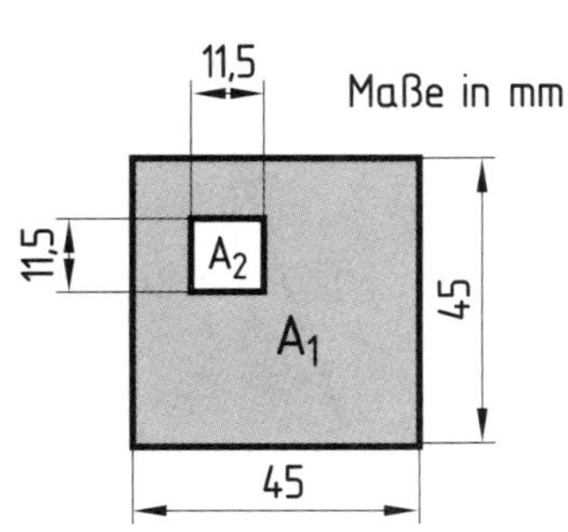

③

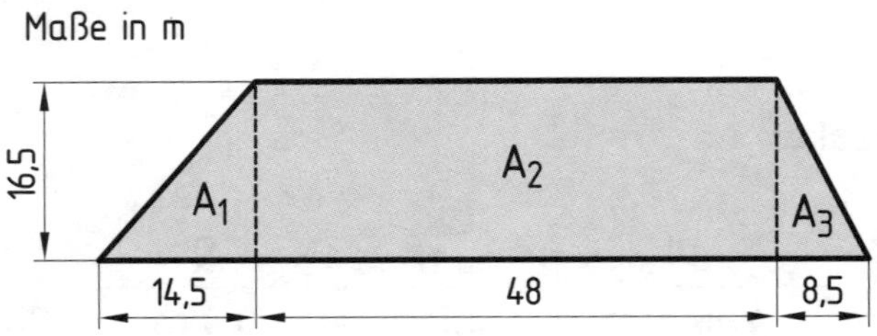

$A_1 = 119{,}625\ m^2$
$A_2 = 792\ m^2$
$A_3 = 70{,}125\ m^2$
$A = 981{,}75\ m^2$

④

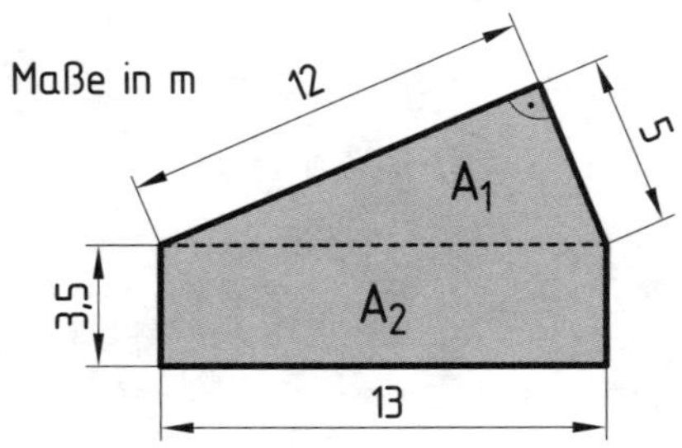

$A_1 = 30\ m^2$
$A_2 = 45{,}5\ m^2$
$A = 75{,}5\ m^2$

⑤

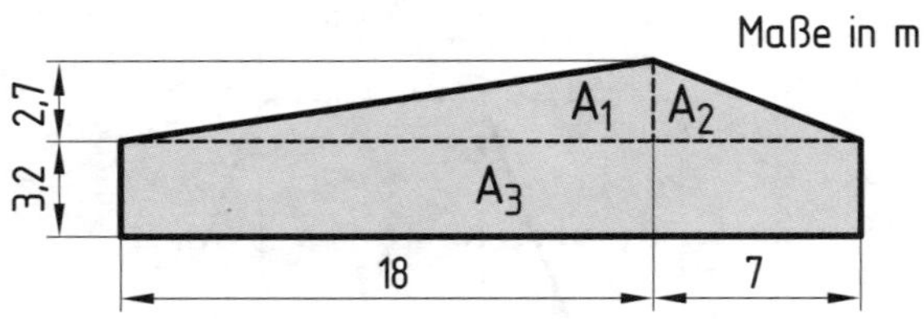

$A_1 = 24{,}3\ m^2$
$A_2 = 9{,}45\ m^2$
$A_3 = 80\ m^2$
$A = 113{,}75\ m^2$

⑥

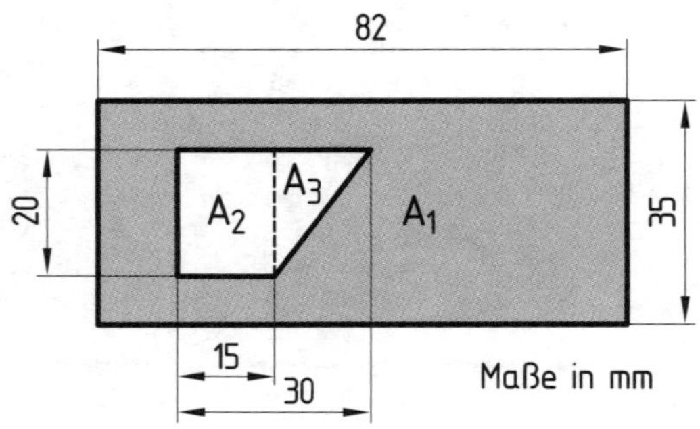

$A_1 = 2\,870\ mm^2$
$A_2 = 300\ mm^2$
$A_3 = 150\ mm^2$
$A = 2\,420\ mm^2$

Seite 78
Parallelogramm und Raute

① c = 6 cm b = 3 cm

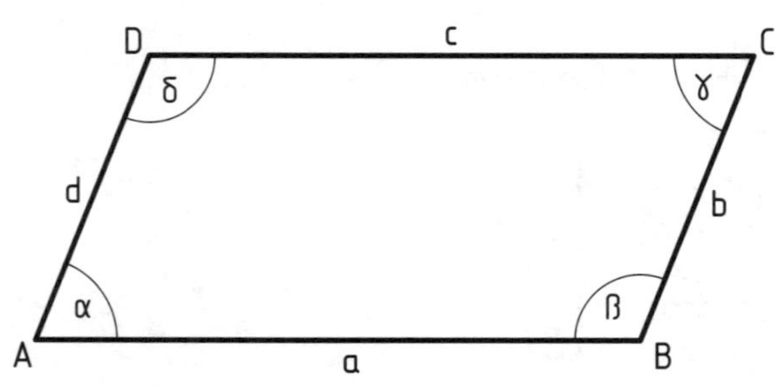

② c= 56 mm d = 34 mm

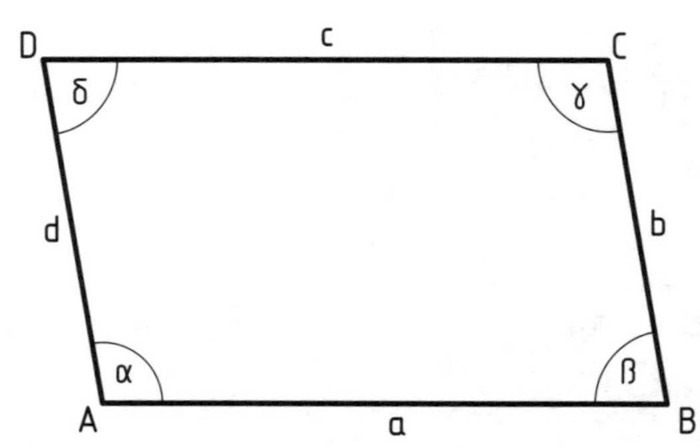

③ c = 5 cm, d = 4 cm

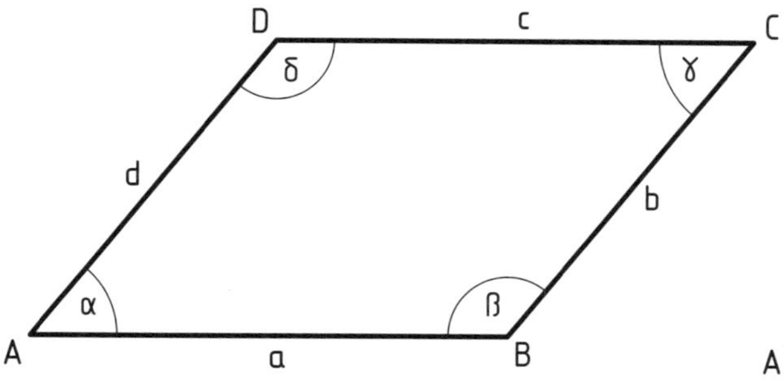

④ c = 60 mm, d = 35 mm

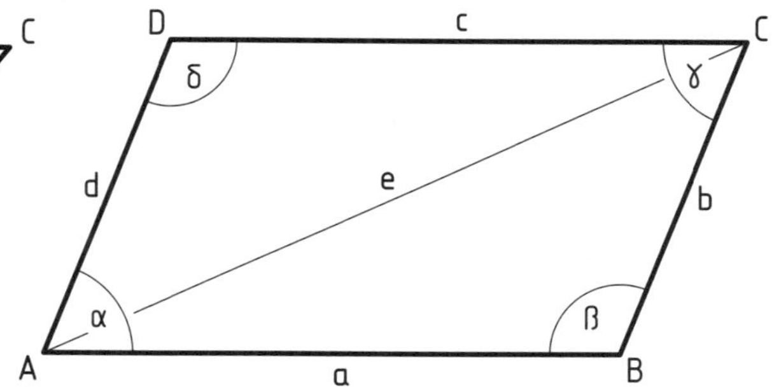

⑤

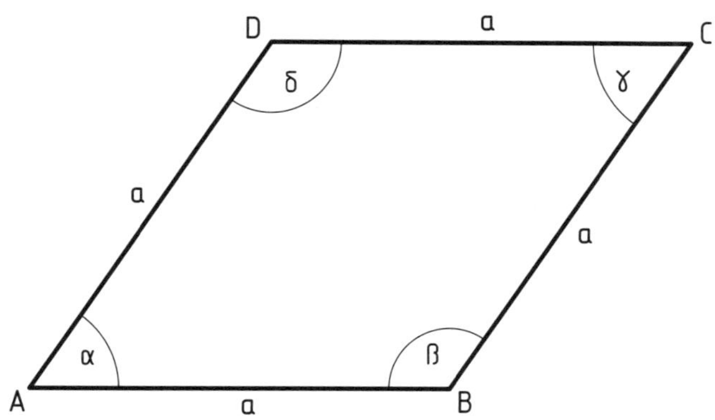

⑥

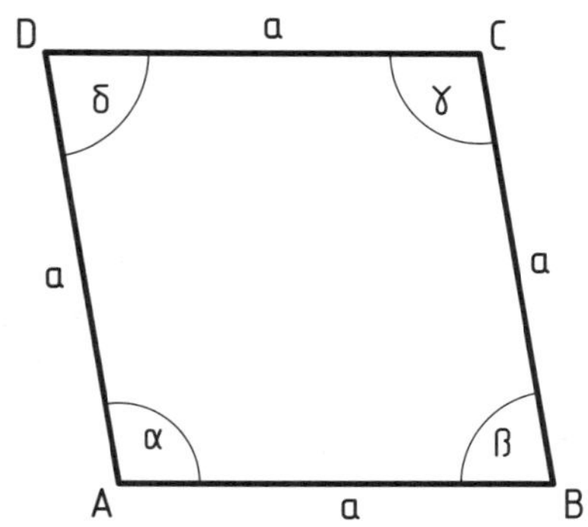

⑦

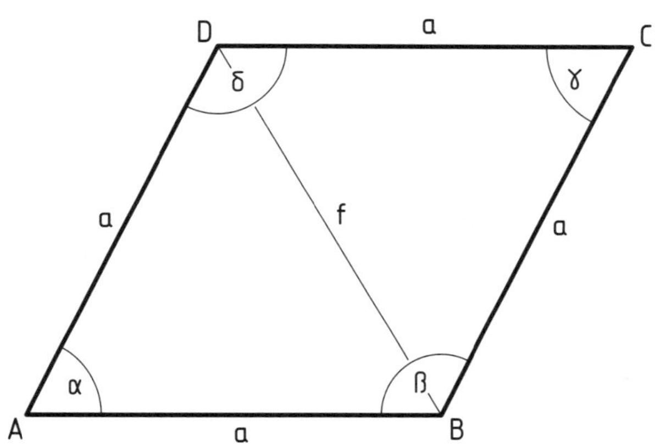

⑧

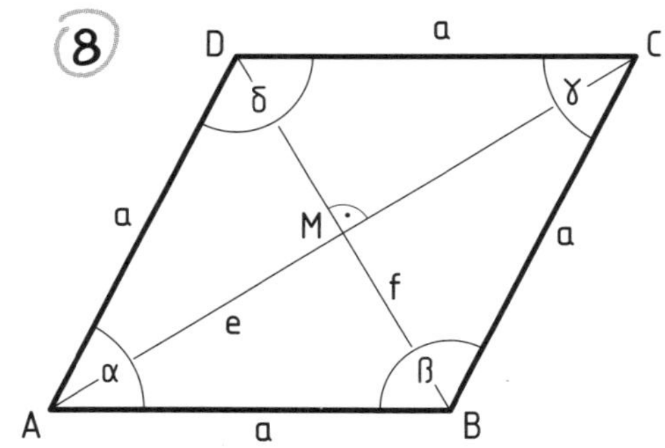

Seite 80

Trapez

①

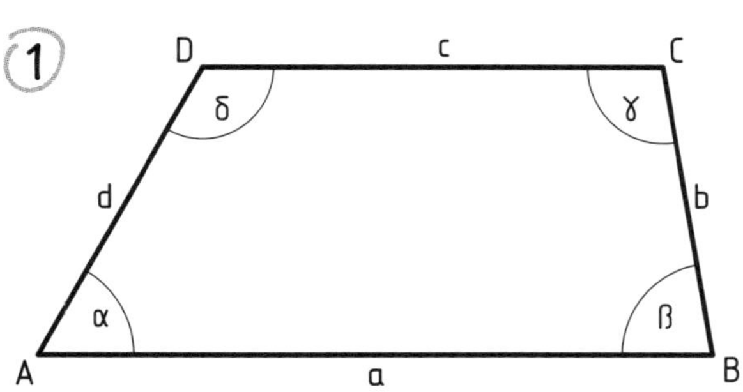

②

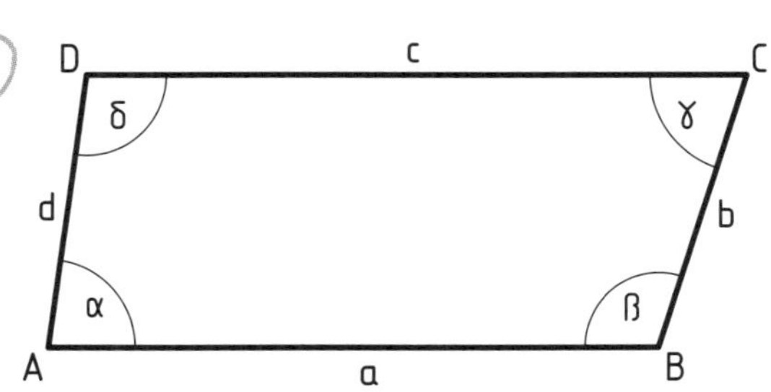

3

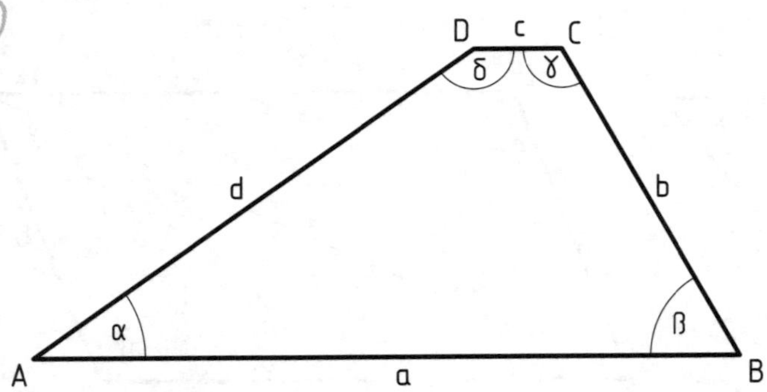

4

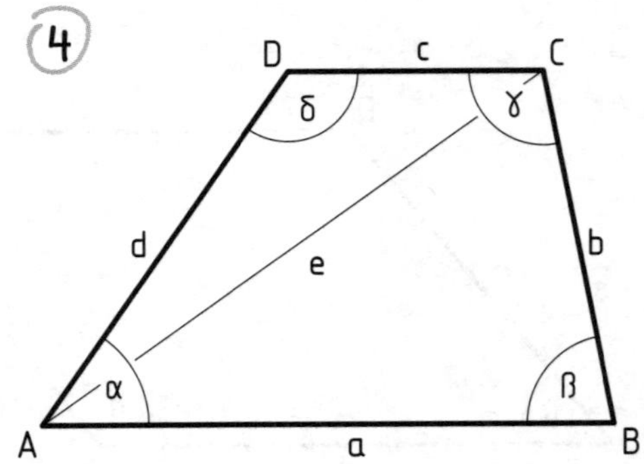

5 $\alpha = 90°$

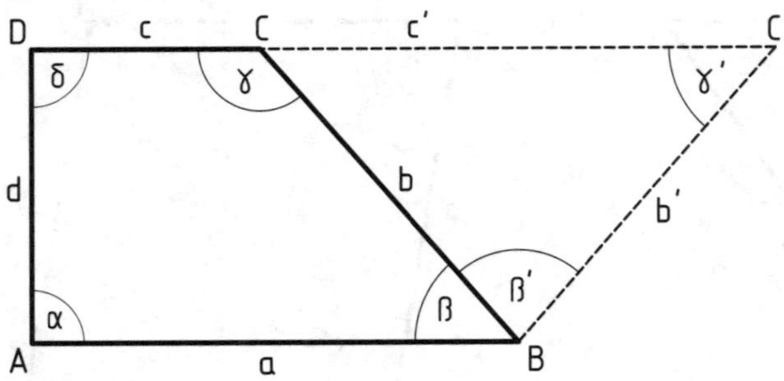

6 d = 2 cm, $\beta = 80°$

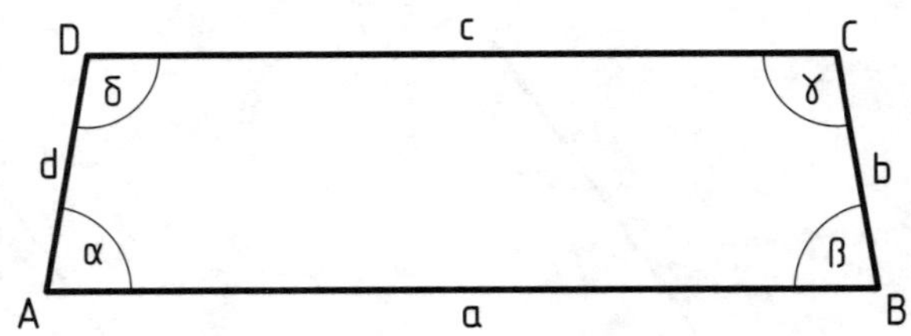

7

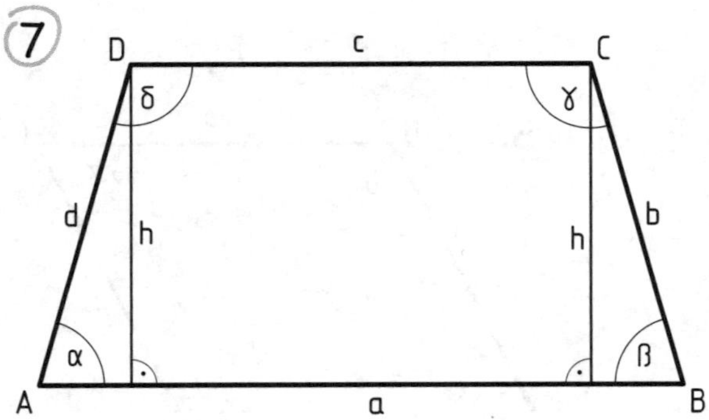

8 $\beta = 90°$

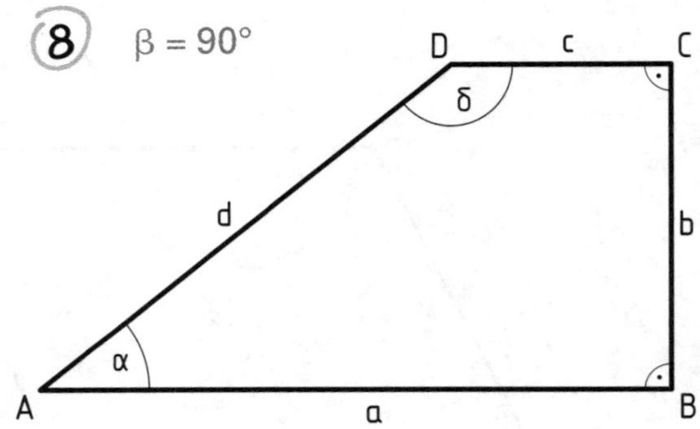

Seite 82

Deltoid, allgemeines Viereck und regelmäßiges Sechseck

1 c = 45 mm
d = 25 mm

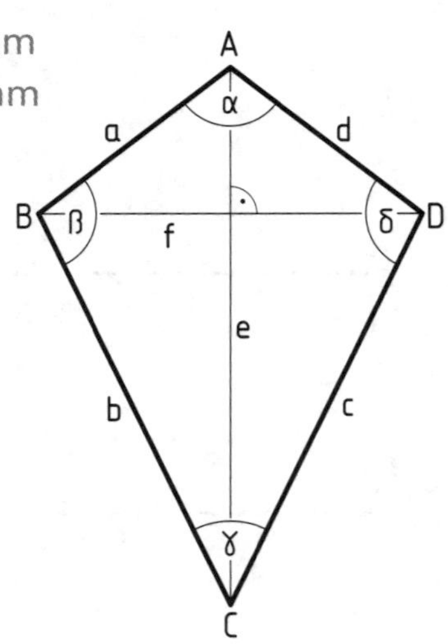

2 d = 28 mm

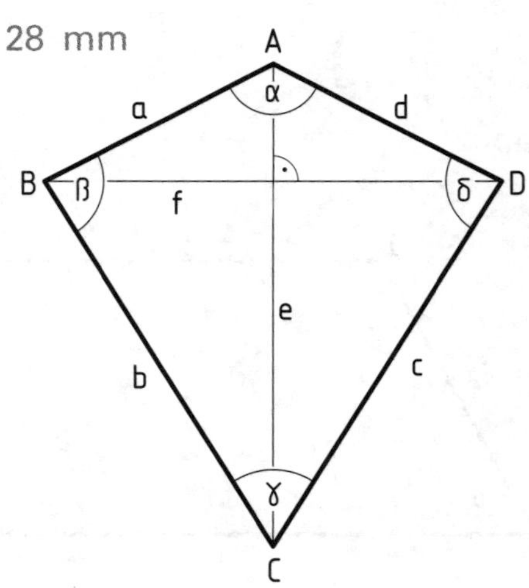

(3) $b = 3$ cm

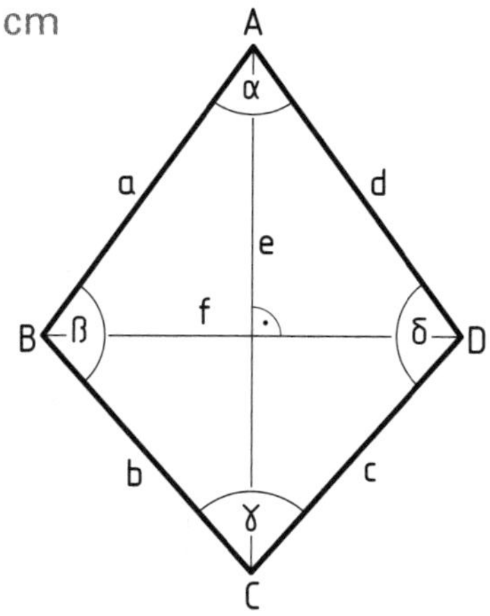

(4) $\gamma = 60°$
$\delta = 90°$

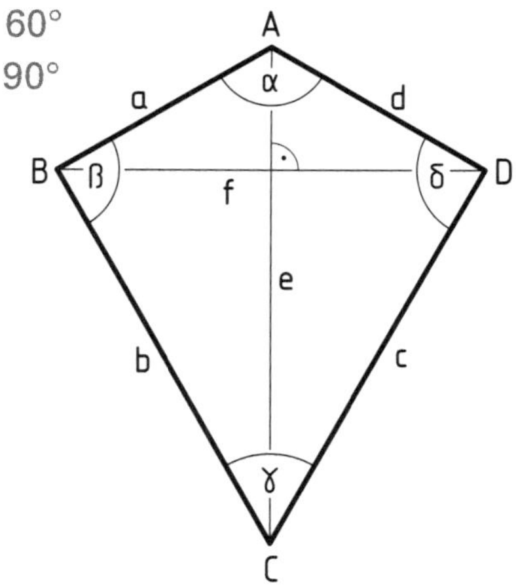

(5)

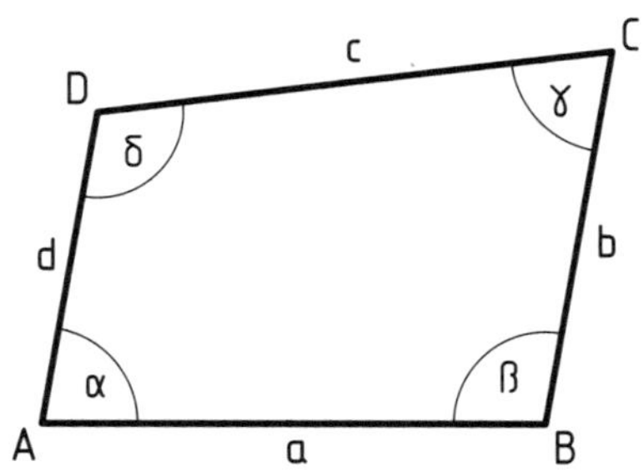

(6)

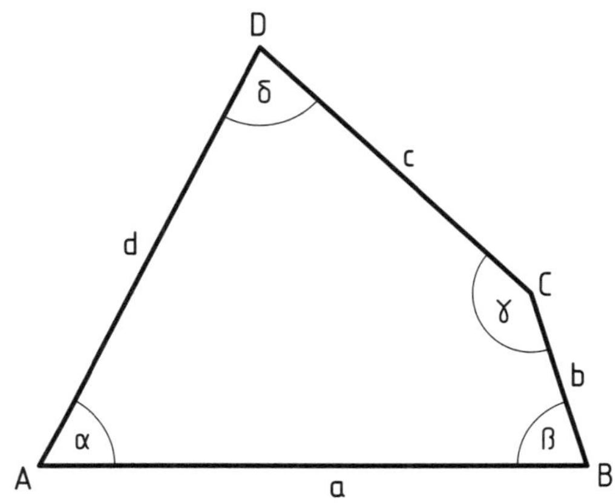

(7)

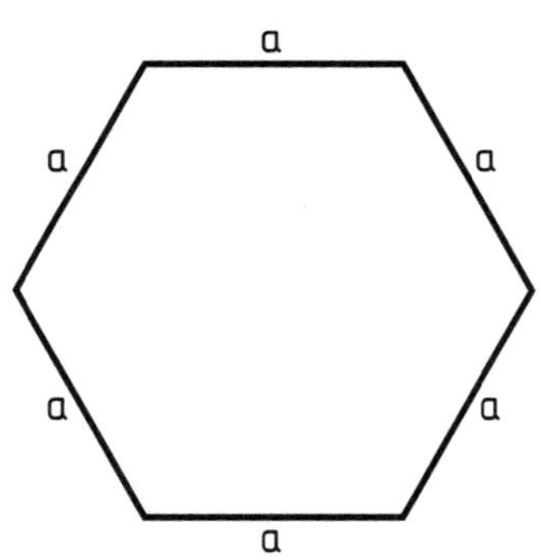

(8)

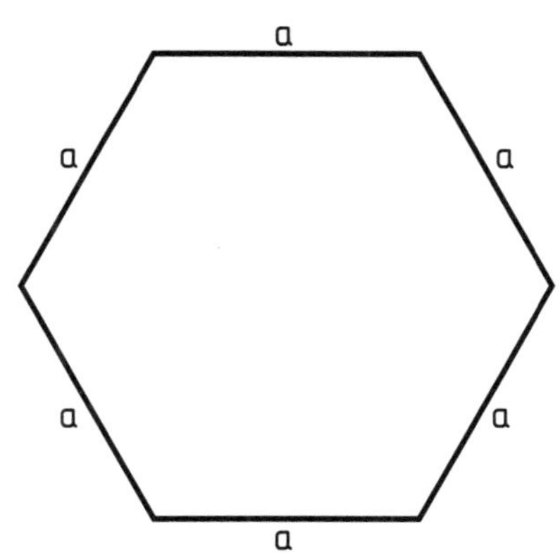

Seite 84
Schrägriss von Quader und Würfel

1
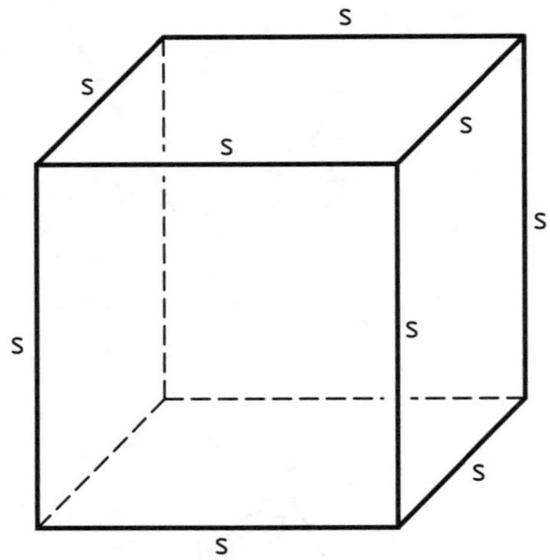

2
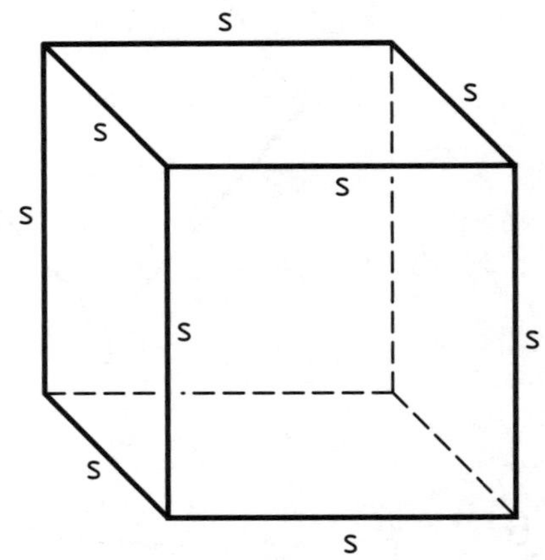

3
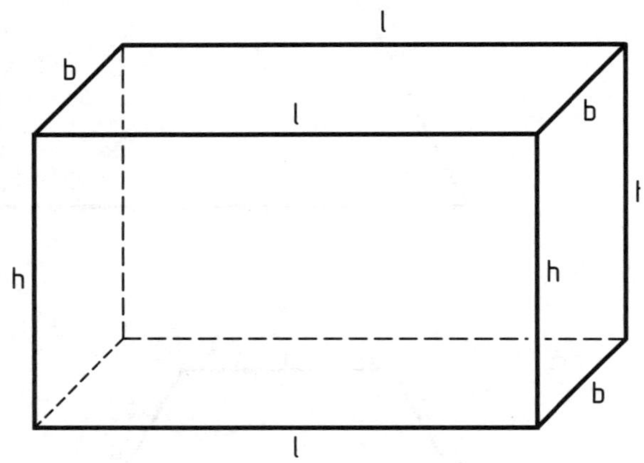

4
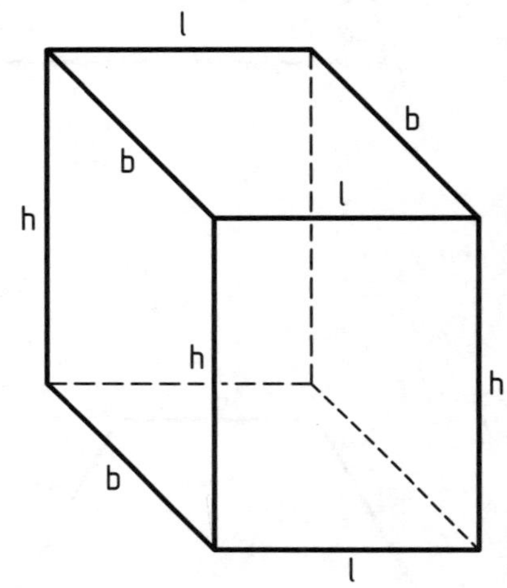

5
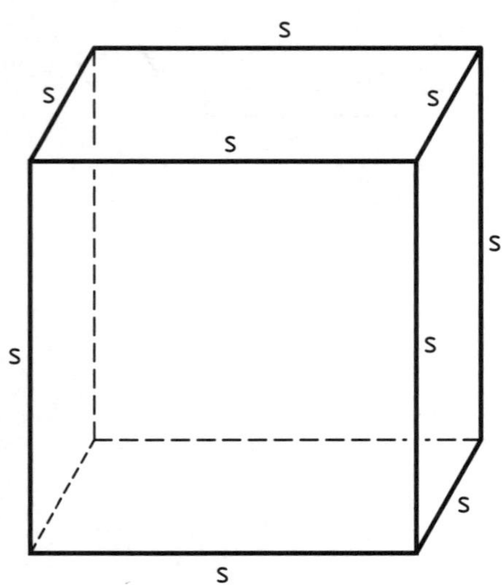

6
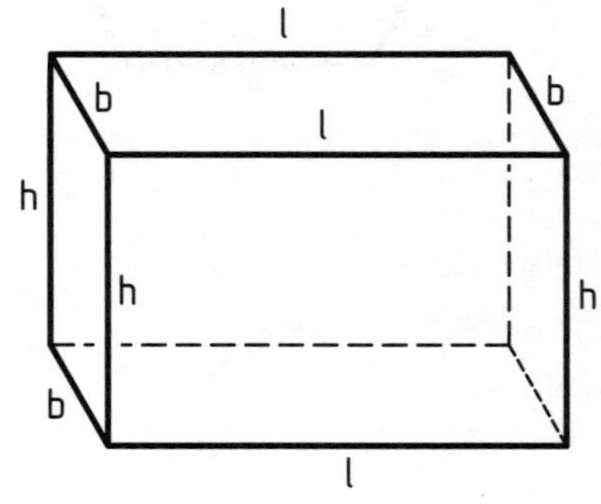

Seite 86
Oberfläche von Quader und Würfel

(1) $O = 2\,154\ cm^2$

(2) $O = 100{,}62\ dm^2$

(3) $O = 18\,150\ mm^2$

(4) $O = 82{,}14\ m^2$

(5) $O = 9{,}76\ m^2$

(6) $O = 341{,}52\ m^2$

(7) $O = 11{,}76\ dm^2$

(8) $O = 47{,}04\ m^2$

(9) $O = 2{,}535\ m^2$

(10) $O = 1{,}1638\ m^2$

Seite 87
Netz von Quader und Würfel

(1)

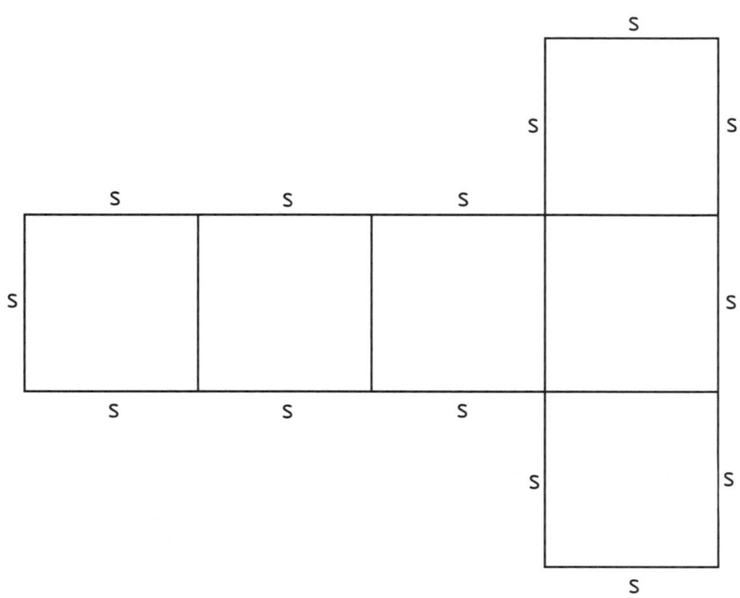

(2)

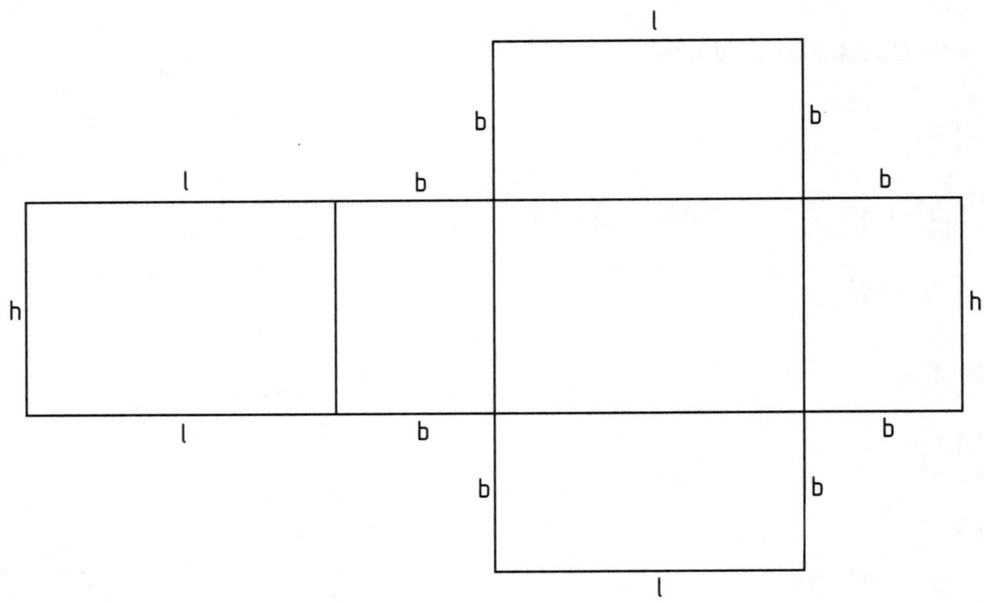

(3)

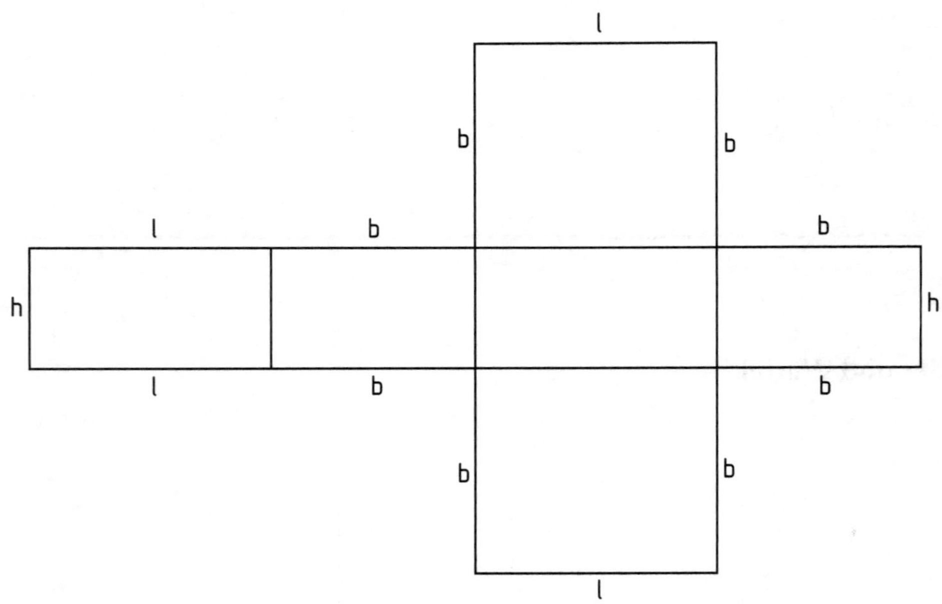

Seite 89

Raummaße – Umwandlungen

(1) **a)** 8 000 cm^3
18 329 dm^3
8 cm^3

b) 17 000 mm^3
1 500 mm^3
30 010 dm^3

c) 20 000 dm^3
8 230 dm^3
150 000 mm^3

(2) **a)** 2 300 dm^3
0,142 cm^3
0,0003 m^3
520 dm^3

b) 8 300 mm^3
6,24 m^3
0,413 cm^3
0,015 dm^3

c) 0,0058 dm^3
0,053 dm^3
412 000 mm^3
6 010 mm^3

(3) **a)** 1 dm^3
0,35 dm^3
1,3586 m^3
0,0007 dm^3

b) 4,58 m^3
1,75 cm^3
0,2792 cm^3
0,01412 m^3

c) 19,3 cm^3
2,435 dm^3
0,052 dm^3
0,00342 dm^3

(4) **a)** 200 l
5 hl
2,81 hl
0,052 hl

b) 5 000 l
8,9 hl
22 700 l
35 hl

c) 420 l
0,38 hl
40 l
2,35 hl

(5) **a)** 3,245 dm^3
2,6 m^3
530 hl
4,028 m^3

b) 2 506 l
7 005 dm^3
27 912 mm^3
5 750 l

Seite 91

Quadervolumen – Umkehraufgaben

(1)

	a)	b)	c)	d)	e)
l	5 m	2,8 cm	7,5 dm	6 m	4 dm
b	2,5 m	1,8 cm	13 dm	250 mm	3 dm
h	2 m	1,5 cm	8 dm	1 dm	25 cm
V	25 m^3	7,56 cm^3	780 dm^3	150 dm^3	30 l

(2) Das Wasser ist 1,5 m tief.

(3) Die Schachtel muss ca. 4,4 cm hoch sein.

(4) Der Kanister ist 1,5 dm breit.

(5) Der Würfel hat eine Seitenlänge von 3 cm.

Seite 92

Volumen von zusammengesetzten Körpern

(1)

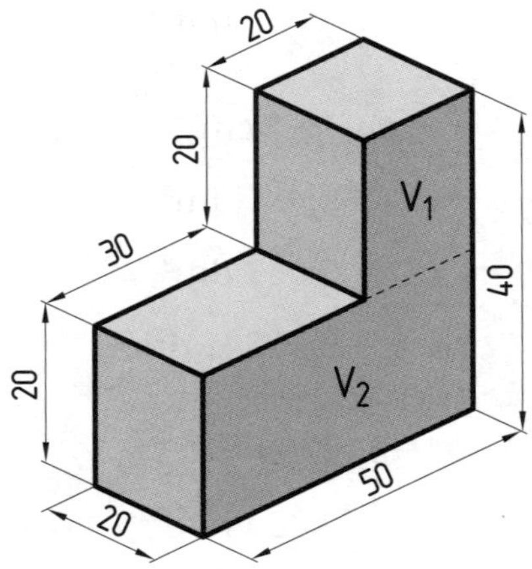

$V_1 = 8\,000\ mm^3$

$V_2 = 20\,000\ mm^3$

$V = 28\,000\ mm^3$

(2)

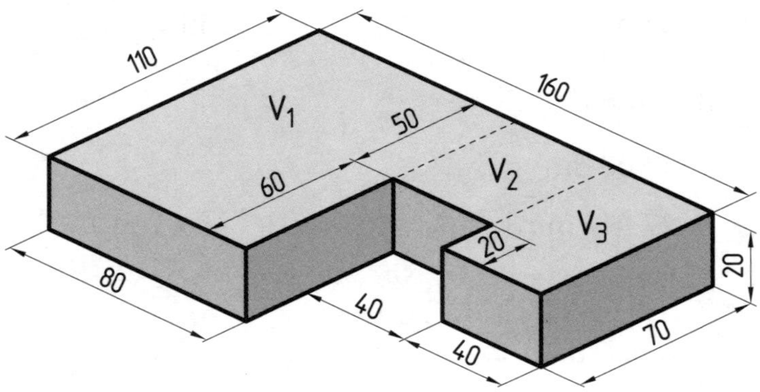

$V_1 = 176\,000\ mm^3$

$V_2 = 40\,000\ mm^3$

$V_3 = 56\,000\ mm^3$

$V = 272\,000\ mm^3$

(3)

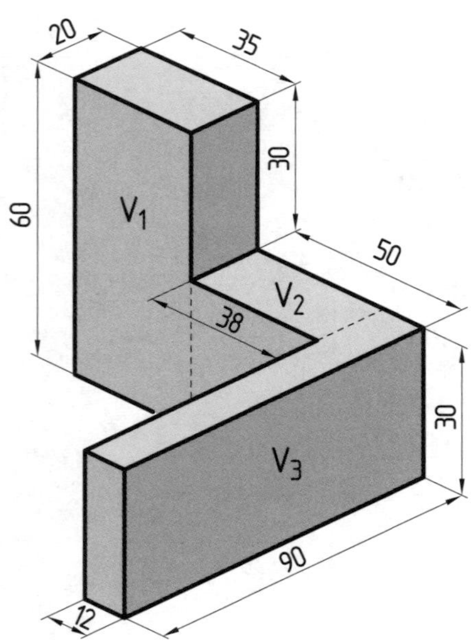

$V_1 = 42\,000\ mm^3$

$V_2 = 22\,800\ mm^3$

$V_3 = 32\,400\ mm^3$

$V = 97\,200\ mm^3$